10	11	12	13	14	15	16	17	18
								₂He ヘリウム 4.003
			₅B ホウ素 10.81	₆C 炭素 12.01	₇N 窒素 14.01	₈O 酸素 16.00	₉F フッ素 19.00	₁₀Ne ネオン 20.18
			₁₃Al アルミニウム 26.98	₁₄Si ケイ素 28.09	₁₅P リン 30.97	₁₆S 硫黄 32.07	₁₇Cl 塩素 35.45	₁₈Ar アルゴン 39.95
₂₈Ni ニッケル 58.69	₂₉Cu 銅 63.55	₃₀Zn 亜鉛 65.38	₃₁Ga ガリウム 69.72	₃₂Ge ゲルマニウム 72.63	₃₃As ヒ素 74.92	₃₄Se セレン 78.97	₃₅Br 臭素 79.90	₃₆Kr クリプトン 83.80
₄₆Pd パラジウム 106.4	₄₇Ag 銀 107.9	₄₈Cd カドミウム 112.4	₄₉In インジウム 114.8	₅₀Sn スズ 118.7	₅₁Sb アンチモン 121.8	₅₂Te テルル 127.6	₅₃I ヨウ素 126.9	₅₄Xe キセノン 131.3
₇₈Pt 白金 195.1	₇₉Au 金 197.0	₈₀Hg 水銀 200.6	₈₁Tl タリウム 204.4	₈₂Pb 鉛 207.2	₈₃Bi ビスマス 209.0	₈₄Po ポロニウム —	₈₅At アスタチン —	₈₆Rn ラドン —
₁₁₀Ds ダームスタチウム —	₁₁₁Rg レントゲニウム —	₁₁₂Cn コペルニシウム —	₁₁₃Nh ニホニウム —	₁₁₄Fl フレロビウム —	₁₁₅Mc モスコビウム —	₁₁₆Lv リバモリウム —	₁₁₇Ts テネシン —	₁₁₈Og オガネソン —

固体
液体
気体 （常温・常圧にお ける単体の状態）

104 番以降の元素については、詳しくわかっていない。

₆₄Gd ガドリニウム 157.3	₆₅Tb テルビウム 158.9	₆₆Dy ジスプロシウム 162.5	₆₇Ho ホルミウム 164.9	₆₈Er エルビウム 167.3	₆₉Tm ツリウム 168.9	₇₀Yb イッテルビウム 173.0	₇₁Lu ルテチウム 175.0
₉₆Cm キュリウム	₉₇Bk バークリウム	₉₈Cf カリホルニウム	₉₉Es アインスタイニウム	₁₀₀Fm フェルミウム	₁₀₁Md メンデレビウム	₁₀₂No ノーベリウム	₁₀₃Lr ローレンシウム

化学会原子量専門委員会で作成されたものである。ただし、元素の原子量が確定できないものは－で示した。

本書の構成と利用法

☆本書は、大学入学共通テスト「化学」を攻略する力を身に着けられるように編集しています。大学入学共通テストやセンター試験で出題された問題の内容・傾向を徹底的に分析し、**共通テスト、センター試験、国公立大学、私立大学の問題から良問**を厳選しました。「化学」の学習内容を完全に習得した上で共通テストに臨めるように構成しています（センター試験は、大学入学共通テストが行われるまで実施されていた共通テストの前身となる試験です）。

☆別冊解答編では、**解法を丁寧に解説**しました。誤りの選択肢についても、その理由を解説しています。また、**問題を解く上での着眼点を「Point」として掲載**し、問題の意図を読み解けるように編集していますので、自学自習書としても最適です。

本書の構成

学習のまとめ	…各テーマの重要事項を穴埋め形式でまとめられるようにしました。基本事項を理解できているか確認できます。
必修例題	…典型的な問題を取り上げ、解法の流れを習得できるようにしました。
必修問題	…各テーマで必ず押さえておきたい問題を取り上げました。
活用問題	…共通テストで求められる思考力・判断力・表現力を重視した問題を取り上げました。表やグラフのデータをもとに考察する問題や、与えられた情報を解釈・活用するタイプの問題など、さまざまなタイプの問題に取り組めるようにしています。

☆学習の総まとめとして、予想模擬テスト（100点満点・解答時間60分）を2回分収録しました。実際の共通テストに近い形式とし、巻末には解答を記入するためのマークシートも添えています。

☆各学習テーマの必修問題（序章を除く）には、問題の重要度を示す☆マークを示しています。テーマごとに次のような割合で☆マークを付けています。

☆☆☆…60%　　☆☆…30%　　☆…10%

問題を精選して取り組みたい場合には1回目は☆☆☆の問題に取り組みましょう。

☆予想模擬テストで間違った問題については、本編の関連問題に再度取り組めるようにしてありますので、苦手なパターンに繰り返し取り組み、弱点を克服しましょう。

☆問題の末尾には、問題の出典（出題年度、共通テストやセンター試験の本試、追試、出題大学、改題の有無など）を示しています。なお、本書に掲載している大学入試問題の解答・解説は弊社で作成したものであり、各大学から公表されたものではありません。

☆各問題の構成

> テーマ①〜⑭の必修問題には問題の重要度を☆マークで示しました。

☆☆☆
☑ **50 飽和蒸気圧と混合気体** 3分　ピストン付きの密閉容器に窒素と少量の水を入れ、27℃で十分な時間静置したところ、圧力が 4.5×10^4 Pa で一定になった。密閉容器の容積が半分になるまで圧縮して

> 理解度のチェック欄を設けました。

> 目標とする解答時間を示しました。

「Beeline」は、ミツバチがミツを求めて最短距離を進むことから、一直線、最短距離を意味する言葉です。
本書は、大学入学共通テスト攻略の最短距離を歩めるように編集を心がけました。

目　次

序章　化学基礎の復習············ 2

第Ⅰ章　物質の状態
①固体の構造··················· 10
②物質の三態と気体の性質··········· 16
③溶液の性質··················· 26

第Ⅱ章　物質の変化と平衡
④物質とエネルギー··············· 34
⑤電池・電気分解················ 40
⑥化学反応の速さ················ 48
⑦化学平衡···················· 53

第Ⅲ章　無機物質
⑧非金属元素の単体と化合物·········· 62
⑨金属元素の単体と化合物··········· 71

第Ⅳ章　有機化合物
⑩脂肪族炭化水素················ 82
⑪酸素を含む脂肪族化合物··········· 88
⑫芳香族化合物················· 98

第Ⅴ章　高分子化合物
⑬天然高分子化合物·············· 108
⑭合成高分子化合物·············· 118

第1回　予想模擬テスト············· 124
第2回　予想模擬テスト············· 135

原子量概数・基本定数

水素	H …1.0	フッ素	F …19	塩素	Cl …35.5	亜鉛	Zn …65
ヘリウム	He…4.0	ネオン	Ne…20	アルゴン	Ar …40	臭素	Br …80
リチウム	Li …7.0	ナトリウム	Na…23	カリウム	K …39	キセノン	Xe …131
炭素	C …12	マグネシウム	Mg…24	カルシウム	Ca…40	バリウム	Ba…137
窒素	N …14	アルミニウム	Al …27	鉄	Fe …56		
酸素	O …16	硫黄	S …32	銅	Cu …64		

アボガドロ定数　$6.0×10^{23}$/mol

気体のモル体積　22.4L/mol　　※0℃、$1.013×10^5$Pa

序章　化学基礎の復習

① 物質の成分と構成元素

①物質の分類

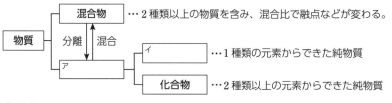

混合物 …2種類以上の物質を含み、混合比で融点などが変わる。

物質 —（分離／混合）— ア

イ …1種類の元素からできた純物質

化合物 …2種類以上の元素からできた純物質

③物質の三態

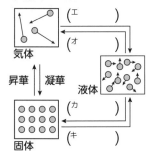

気体 —（エ　　　）（オ　　　）— 液体

昇華／凝華

液体 —（カ　　　）（キ　　　）— 固体

②元素　物質を構成する基本的な成分。

（ウ　　　　　）…同じ元素からなる単体で、性質が異なる物質どうし。

② 原子の構造と周期表

①原子

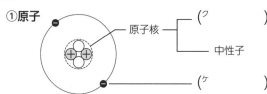

原子核 —（ク　　　　　）　⊕ … 正電荷を帯びた粒子

中性子　　　○ … 電気的に中性の粒子

（ケ　　　　　）　● … 負電荷を帯びた粒子

原子の構成表示

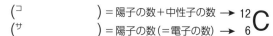

（コ　　　　　）＝陽子の数＋中性子の数　→ ^{12}C
（サ　　　　　）＝陽子の数（＝電子の数）　→ $_6$

同位体（アイソトープ）…原子番号が同じで（シ　　　　　）の異なる原子どうし。化学的性質はほぼ等しい。

価電子…他の原子との結合などに関与する電子。一般に、（ス　　　　　）が価電子として働く。原子
　　番号順に原子を配列すると、その価電子の数は周期的に変化する。貴ガスの価電子は 0 とみなされる。

②元素の周期律　元素を（セ　　　　　）の順に並べると、性質のよく似た元素が周期的に現れること。

③ 化学結合

イオン…正の電荷を帯びたイオンを（ソ　　　　　）、負の電荷を帯びたイオンを（タ　　　　　）という。

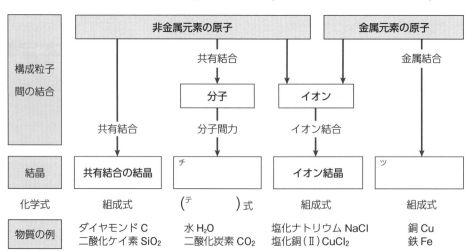

	非金属元素の原子		金属元素の原子
構成粒子間の結合	共有結合 → 分子	イオン	金属結合
	共有結合	分子間力	イオン結合	
結晶	共有結合の結晶	チ	イオン結晶	ツ
化学式	組成式	（テ　　　）式	組成式	組成式
物質の例	ダイヤモンド C 二酸化ケイ素 SiO_2	水 H_2O 二酸化炭素 CO_2	塩化ナトリウム NaCl 塩化銅（Ⅱ）$CuCl_2$	銅 Cu 鉄 Fe

4 物質量と化学反応式

元素の原子量…各元素の(ト　　　　　　　)の天然存在比(%)から求めた相対質量の平均値。

物質量〔mol〕…(ナ　　　　　　　)個の集団を 1 mol とし、mol 単位で表した物質の量。

物質量と粒子数・質量・体積の関係　物質量を介して粒子の数、質量、気体の体積を相互に変換できる。

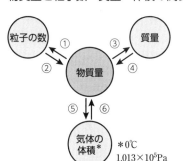

① 粒子の数 $= 6.0 \times 10^{23}$/mol × 物質量〔mol〕

② 物質量〔mol〕$= \dfrac{\text{粒子の数}}{6.0 \times 10^{23}\text{/mol}}$

③ 質量〔g〕= モル質量〔g/mol〕× 物質量〔mol〕

④ 物質量〔mol〕$= \dfrac{\text{質量〔g〕}}{\text{モル質量〔g/mol〕}}$

⑤ 気体の体積〔L〕= モル体積〔L/mol〕× 物質量〔mol〕

⑥ 物質量〔mol〕$= \dfrac{\text{気体の体積〔L〕}}{\text{モル体積〔L/mol〕}}$

0℃、1.013×10^5 Pa におけるモル体積は、気体の種類に関係なく、(ニ　　　　　　　)L/mol である。

溶液の濃度

質量パーセント濃度〔%〕$= \dfrac{\text{溶質の質量〔g〕}}{(\text{ヌ}\qquad)\text{の質量〔g〕}} \times 100$　　　モル濃度〔mol/L〕$= \dfrac{\text{溶質の物質量〔mol〕}}{(\text{ネ}\qquad)\text{の体積〔L〕}}$

化学反応式…化学反応式の係数は、粒子数の比や物質量の比を表し、気体の場合には体積の比も表す。

5 酸と塩基

酸……水に溶かしたときに(ノ　　　　　　)を生じる化合物。(ハ　　　　　　　)を与えることができる物質。

塩基…水に溶かしたときに(ヒ　　　　　　)を生じる化合物。(フ　　　　　　　)を受け取ることができる物質。

中和…酸と塩基が互いにその性質を打ち消し合う変化。c〔mol/L〕の a 価の酸の水溶液 V〔L〕と、c'〔mol/L〕の b 価の塩基の水溶液 V'〔L〕とが過不足なく中和したとき、次式が成り立つ。

(ヘ　　　　　　　 = 　　　　　　　)

6 酸化還元反応

	酸素	水素	電子	酸化数
酸化(酸化される)	受け取る	失う	ホ	ミ
還元(還元される)	失う	受け取る	マ	ム

酸化剤…相手を(メ　　　　)し、自身は(モ　　　　　　)される物質。

還元剤…相手を(ヤ　　　　)し、自身は(ユ　　　　　　)される物質。

金属のイオン化傾向…水溶液中で金属単体が電子を失って(ヨ　　　　　　　　　)になろうとする性質。

解答

(ア) 純物質　(イ) 単体　(ウ) 同素体　(エ) 凝縮　(オ) 蒸発　(カ) 凝固　(キ) 融解
(ク) 陽子　(ケ) 電子　(コ) 質量数　(サ) 原子番号　(シ) 質量数(中性子の数)
(ス) 最外殻電子　(セ) 原子番号　(ソ) 陽イオン　(タ) 陰イオン　(チ) 分子結晶
(ツ) 金属結晶　(テ) 分子　(ト) 同位体　(ナ) 6.0×10^{23}　(ニ) 22.4　(ヌ) 溶液
(ネ) 溶液　(ノ) $H^+(H_3O^+)$　(ハ) H^+　(ヒ) OH^-　(フ) H^+　(ヘ) $acV = bc'V'$
(ホ) 失う　(マ) 受け取る　(ミ) 増加する　(ム) 減少する　(メ) 酸化　(モ) 還元
(ヤ) 還元　(ユ) 酸化　(ヨ) 陽イオン

共通テスト攻略の Point！

化学基礎の内容をしっかり理解しておく。特に物質量の計算はすべての分野で登場するため、計算でつまずかないよう、繰り返し演習を行っておく。

必修問題

1 物質の成分と構成元素

☑ **1** 物質の分類 `2分` 次の a ~ c にあてはまるものをそれぞれ解答群のうちから一つずつ選べ。

a 純物質であるもの　　　　　　　　　　　　　　　　　　　　　　　　(13 センター追試 改)

① 空気　② 塩酸　③ 海水　④ 牛乳　⑤ 石油　⑥ 水銀

b 単体でないもの　　　　　　　　　　　　　　　　　　　　　　　(15 センター本試)

① 黒鉛　② 単斜硫黄　③ 水銀　④ 赤リン　⑤ オゾン　⑥ 水晶

c 同素体である組合せ　　　　　　　　　　　　　　　　　　　　　(13 センター本試)

① ヘリウムとネオン　② ^{35}Cl と ^{37}Cl　③ メタノールとエタノール

④ 一酸化窒素と二酸化窒素　⑤ 塩化鉄(Ⅱ)と塩化鉄(Ⅲ)　⑥ 黄リンと赤リン

☑ **2** 蒸留 `1分` 蒸留を行うために、図の装置を組み立てたが、不適切な箇所がある。その内容を記した文を、下の①~⑤のうちから一つ選べ。

① 温度計(**ア**)の球部を、枝付きフラスコの枝の付け根あたりに合わせている。

② 枝付きフラスコ(**イ**)に入れる液体の量を、フラスコの半分以下にしている。

③ 沸騰石(**ウ**)を、枝付きフラスコの中に入れている。

④ リービッヒ冷却器(**エ**)の冷却水を、下部から入り上部から出る向きに流している。

⑤ ゴム栓(**オ**)で、アダプターと三角フラスコとの間をしっかり密閉している。

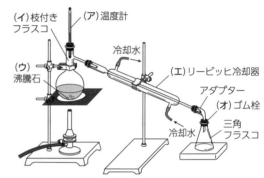

(15 センター追試)

2 原子の構造と周期表

☑ **3** 原子の構造 `2分` 次の a ~ c にあてはまるものを、それぞれ解答群①~⑤のうちから一つずつ選べ。

a 中性子の数が最も少ない原子　　　　　　　　　　　　　　　　　(05 センター追試)

① $^{35}_{17}Cl$　② $^{37}_{17}Cl$　③ $^{40}_{18}Ar$　④ $^{39}_{19}K$　⑤ $^{40}_{20}Ca$

b 互いに同位体である原子どうしで異なるもの　　　　　　　　　(12 センター本試)

① 原子番号　② 陽子の数　③ 中性子の数　④ 電子の数　⑤ 価電子の数

c 総電子数が CH_4 と同じ分子　　　　　　　　　　　　　　　　(04 センター本試)

① CO　② NO　③ HCl　④ H_2O　⑤ O_2

☑ **4** 原子の構成と電子配置 `1分` 陽子を◎、中性子を○、電子を●で表すとき、質量数6のリチウム原子の構造を示す模式図として最も適当なものを、図の①~⑥のうちから一つ選べ。ただし、破線の円内は原子核とし、その外側にある実線の同心円は内側から順にK殻、L殻を表す。

① ② ③ ④ ⑤ ⑥

(08 センター本試)

5 元素の周期律 1分

次の 3 種類のグラフは、第一イオン化エネルギー、電気陰性度、および単体の融点のいずれかが、原子番号とともに周期的に変わる様子を示したものである。それぞれの周期性は **A**、**B**、**C** のどのグラフに表されているか。正しい組合せを、次の①〜⑥のうちから、一つ選べ。

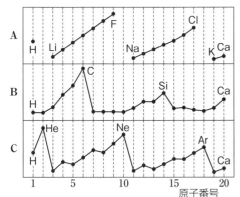

	第一イオン化エネルギー	電気陰性度	単体の融点
①	A	B	C
②	A	C	B
③	B	A	C
④	B	C	A
⑤	C	A	B
⑥	C	B	A

(96　センター本試)

3 化学結合

6 イオン 1分

イオンに関する記述として**誤りを含むもの**を、次の①〜⑥のうちから二つ選べ。

① イオン結晶である KI の式量は、K の原子量と I の原子量の和である。
② 酸化物イオンは、2 価の陰イオンである。
③ O^{2-} と F^- の電子配置は、Ne と同じである。
④ Ne のイオン化エネルギーは、周期表の第 2 周期の元素の中で最も小さい。
⑤ イオンの大きさを比べると、F^- の方が Cl^- より小さい。
⑥ イオン結晶に含まれる陽イオンの数と陰イオンの数は、必ず等しい。　(12　センター本試　改)

7 結晶の分類 2分

次の a 〜 d にあてはまるものを、解答群のうちから一つずつ選べ。

a 式量ではなく分子量を用いるのが適当なもの　(10　センター本試)
① 水酸化ナトリウム　② 黒鉛　③ 硝酸アンモニウム
④ アンモニア　⑤ 酸化アルミニウム　⑥ 金

b 固体の状態でイオン結晶であるもの　(93　センター本試)
① CO_2　② H_2O　③ CaO　④ SO_2　⑤ SiO_2

c 結晶が分子結晶である組合せ　(94　センター本試　改)
① Au と Cu　② Ar と CO_2　③ I_2 と Na　④ NaCl と K_2SO_4　⑤ SiO_2 と C

d 共有結合の結晶をつくるもの　(02　センター本試)
① Na_2O　② CaO　③ H_2O　④ SiO_2　⑤ CO_2

8 結合と結晶 1分

化学結合に関する次の記述①〜⑤のうちから、**誤りを含むもの**を一つ選べ。

① ナフタレンは分子結晶であり、ナフタレン分子が互いに共有結合で結びついている。
② 氷の結晶は、水分子が水素結合によって連なった構造をもっている。
③ 塩化カリウムはイオン結晶であり、カリウムイオンと塩化物イオンが静電気的な引力で結びついている。
④ 金属銅には自由電子が存在し、電気をよく導く。
⑤ ダイヤモンドは共有結合の結晶であり、非常に硬く、融点が高い。　(96　センター本試)

4 物質量と化学反応式 ●●●

☑ **9** **物質量** 2分 ある元素Xの酸化物XO_2は常温・常圧で気体であり、この気体を一定体積とって質量を測定すると0.64gであった。一方、そのときと同温・同圧で、同じ体積の気体のネオンの質量は0.20gであった。元素Xの原子量はいくらか。最も適当な数値を、次の①〜⑥のうちから一つ選べ。

① 12   ② 14   ③ 28   ④ 32   ⑤ 35.5   ⑥ 48   (17 プレテスト)

☑ **10** **溶液の濃度** 2分 質量パーセント濃度49%の硫酸水溶液のモル濃度は何mol/Lか。最も適当な数値を、次の①〜⑥のうちから選べ。ただし、この硫酸水溶液の密度は1.4g/cm³とする。

① 3.6   ② 5.0   ③ 7.0   ④ 8.6   ⑤ 10   ⑥ 14   (13 センター本試)

☑ **11** **アボガドロ定数と単分子膜** 2分 物質Aは、図に示すように、棒状の分子が水面に直立してすき間なく並び、一層の膜（単分子膜）を形成する。物質Aの質量がw〔g〕のとき、この膜の全体の面積はX〔cm²〕であった。物質Aのモル質量をM〔g/mol〕、アボガドロ定数をN_A〔/mol〕としたとき、分子1個の断面積s〔cm²〕を表す式として正しいものを、下の①〜⑥のうちから一つ選べ。

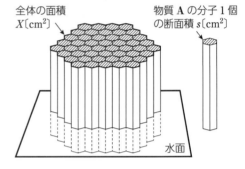

① $\dfrac{XN_A}{wM}$ ② $\dfrac{XM}{wN_A}$ ③ $\dfrac{Xw}{MN_A}$ ④ $\dfrac{XwM}{N_A}$ ⑤ $\dfrac{XwN_A}{M}$ ⑥ $\dfrac{XMN_A}{w}$

(17 センター本試)

☑ **12** **塩酸の体積と水素の発生** 2分 0.24gのマグネシウムに1.0mol/Lの塩酸を少量ずつ加え、発生した水素を捕集して、その体積を0℃、$1.013×10^5$Paで測定した。このとき加えた塩酸の体積と発生した水素の体積との関係を表す図として最も適当なものを、次の①〜④のうちから一つ選べ。

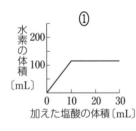 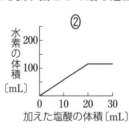 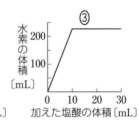 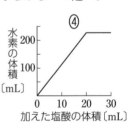

(00 センター本試 改)

☑ **13** **混合気体の燃焼** 3分 一酸化炭素とエタンC_2H_6の混合気体を、触媒の存在下で十分な量の酸素を用いて完全に酸化したところ、二酸化炭素0.045molと水0.030molが生成した。反応前の混合気体中の一酸化炭素とエタンの物質量〔mol〕の組合せとして正しいものを、右の①〜⑥のうちから一つ選べ。

(02 センター本試)

	一酸化炭素の物質量	エタンの物質量
①	0.030	0.015
②	0.030	0.010
③	0.025	0.015
④	0.025	0.010
⑤	0.015	0.015
⑥	0.015	0.010

$$H=1.0 \quad O=16 \quad Ne=20 \quad Mg=24 \quad S=32$$

5 酸と塩基 ••

☑ **14** pH `1分` 水溶液の pH に関する次の記述①〜⑤のうちから、正しいものを一つ選べ。

① 0.010mol/L の硫酸の pH は、同じ濃度の硝酸の pH より大きい。

② 0.10mol/L の酢酸の pH は、同じ濃度の塩酸の pH より小さい。

③ pH3 の塩酸を 10^5 倍に薄めると、溶液の pH は 8 になる。

④ 0.10mol/L のアンモニア水の pH は、同じ濃度の水酸化ナトリウム水溶液の pH より小さい。

⑤ pH12 の水酸化ナトリウム水溶液を10倍に薄めると、溶液の pH は13になる。

(96 センター追試)

☑ **15** pH の計算 `2分` 濃度不明の塩酸 500mL と 0.010mol/L の水酸化ナトリウム水溶液 500mL を混合したところ、溶液の pH は2.0であった。塩酸の濃度〔mol/L〕として最も適当な数値を、次の①〜⑤のうちから一つ選べ。ただし、溶液中の塩化水素の電離度を1.0とする。

① 0.010　② 0.020　③ 0.030　④ 0.040　⑤ 0.050　(06 センター本試)

☑ **16** 塩の水溶液の性質 `1分` 次の塩 a 〜 e で、その水溶液が塩基性を示すものはいくつあるか。その数を下の①〜⑤のうちから一つ選べ。

a NH₄Cl　　b CH₃COONa　　c NaNO₃　　d Na₂CO₃　　e NaCl

① 1　　② 2　　③ 3　　④ 4　　⑤ 5　(13 センター追試 改)

☑ **17** 中和滴定の指示薬 `2分` 中和滴定に関する次の記述中の空欄 **ア** 〜 **ウ** にあてはまる語句および数値の組合せとして正しいものを次の①〜⑥のうちから一つ選べ。

濃度が不明の酢酸水溶液8.0mL に、**ア** を2 〜 3滴加え、0.20mol/L の水酸化ナトリウム水溶液で滴定した。10mL 加えたところで中和点に達し、溶液は **イ** に変化した。そこで、この酢酸水溶液の濃度は **ウ** mol/L と決定された。

	ア	イ	ウ
①	フェノールフタレイン	赤色	0.50
②	フェノールフタレイン	青色	0.25
③	フェノールフタレイン	赤色	0.25
④	メチルオレンジ	黄色	0.25
⑤	メチルオレンジ	青色	0.50
⑥	メチルオレンジ	赤色	0.25

(98 センター追試)

☑ **18** 中和滴定曲線 `1分` 濃度が 0.10mol/L の酸 a・b を 10mL ずつ取り、それぞれを 0.10mol/L 水酸化ナトリウム水溶液で滴定し、滴下量と溶液の pH との関係を調べた。図に示した滴定曲線を与える酸の組合せとして最も適当なものを、下の①〜⑥のうちから一つ選べ。

	a	b		a	b
①	塩酸	酢酸	④	塩酸	硫酸
②	酢酸	塩酸	⑤	硫酸	酢酸
③	硫酸	塩酸	⑥	酢酸	硫酸

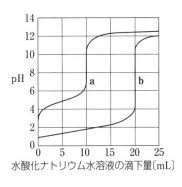

水酸化ナトリウム水溶液の滴下量〔mL〕

(01 センター本試)

序章 化学基礎の復習

6 酸化還元反応 ●●

☑ **19** **塩素の酸化数** -1分- 次の物質 **a** ~ **d** が、それぞれに含まれる塩素原子の酸化数の大きさの順に正しく並べられているものを、下の①~⑤のうちから一つ選べ。

   a Cl_2 **b** $HClO$ **c** HCl **d** $KClO_3$

   ① a<b<c<d   ② b<d<a<c   ③ c<a<b<d   ④ d<b<c<a   ⑤ c<b<d<a

(13 センター追試 改)

☑ **20** **酸化還元反応** -2分- 次の反応①~⑤のうち、酸化還元反応はどれか、すべて選べ。

   ① $CH_3COONa + HCl \longrightarrow CH_3COOH + NaCl$ ② $2CO + O_2 \longrightarrow 2CO_2$

   ③ $Cu(OH)_2 + H_2SO_4 \longrightarrow CuSO_4 + 2H_2O$ ④ $Mg + 2H_2O \longrightarrow Mg(OH)_2 + H_2$

   ⑤ $NH_3 + HNO_3 \longrightarrow NH_4NO_3$

(18 センター本試 改)

☑ **21** **酸化還元反応式のつくり方** -3分- MnO_4^- は、中性または塩基性水溶液中では酸化剤として働き、次の反応式のように、ある2価の金属イオン M^{2+} を酸化することができる。

$$MnO_4^- + \boxed{a}\ H_2O + \boxed{b}\ e^- \longrightarrow MnO_2 + 2\times\boxed{a}\ OH^- \qquad M^{2+} \longrightarrow M^{3+} + e^-$$

これらの反応式から電子 e^- を消去すると、反応全体は次のように表される。

$$MnO_4^- + \boxed{c}\ M^{2+} + \boxed{a}\ H_2O \longrightarrow MnO_2 + \boxed{c}\ M^{3+} + 2\times\boxed{a}\ OH^-$$

これらの反応式中の $\boxed{a}$ 、 $\boxed{b}$ 、 $\boxed{c}$ にあてはまる数値を次の①~⑨のうちからそれぞれ選べ。

   ① 1   ② 2   ③ 3   ④ 4   ⑤ 5   ⑥ 6   ⑦ 7   ⑧ 8   ⑨ 9

(17 センター本試 改)

☑ **22** **酸化還元反応と中和反応** -3分- 水溶液中のシュウ酸の濃度は、酸化還元滴定と中和滴定のいずれによっても求めることができる。硫酸酸性水溶液中でのシュウ酸と過マンガン酸カリウムの酸化還元反応は、次の式で表される。

$$5(COOH)_2 + 2KMnO_4 + 3H_2SO_4 \longrightarrow 10CO_2 + 2MnSO_4 + K_2SO_4 + 8H_2O$$

また、シュウ酸と水酸化ナトリウムの中和反応は、次の式で表される。

$$(COOH)_2 + 2NaOH \longrightarrow (COONa)_2 + 2H_2O$$

濃度未知のシュウ酸水溶液 **A** 25 mL に十分な量の硫酸水溶液を加えて、0.050 mol/L 過マンガン酸カリウム水溶液で滴定すると、過マンガン酸カリウムによる薄い赤紫色が消えなくなるまでに 20 mL を要した。このシュウ酸水溶液 **A** 25 mL を過不足なく中和するには、0.25 mol/L 水酸化ナトリウム水溶液が何 mL 必要か。最も適当な数値を、次の①~⑥のうちから一つ選べ。

   ① 4.0   ② 8.0   ③ 10   ④ 20   ⑤ 40   ⑥ 80   (11 センター追試)

☑ **23** **金属のイオン化傾向** -2分- 次の記述 **a** ~ **c** は、金属 Zn、Ag、Cu、Fe について行った実験の結果を述べたものである。記述 **a** ~ **c** 中の **A** ~ **D** にあてはまる金属の組合せとして最も適当なものを、下の①~⑧のうちから一つ選べ。

a 希硫酸を加えたとき、**C** と **D** は溶けたが、**A** と **B** は溶けなかった。

b **C** と **D** を電極として電池をつくると、**D** が負極になった。

c **B** の硝酸塩水溶液に **A** の金属片を入れると、**B** が析出した。

(03 センター本試 改)

	A	B	C	D
①	Fe	Zn	Ag	Cu
②	Fe	Zn	Cu	Ag
③	Zn	Fe	Ag	Cu
④	Zn	Fe	Cu	Ag
⑤	Ag	Cu	Fe	Zn
⑥	Ag	Cu	Zn	Fe
⑦	Cu	Ag	Fe	Zn
⑧	Cu	Ag	Zn	Fe

活用問題

24 化学反応の量的関係 2分　銅とアルミニウムのみを含む混合物**A**がある。銅とアルミニウムの物質量の比を求めるために、**A**の質量を変えて、次の**実験Ⅰ**および**実験Ⅱ**を同温・同圧の下で行った。

実験Ⅰ　希塩酸を**A**に加えると、次の反応によりアルミニウムのみがすべて溶けた。この反応で発生した水素の体積を求めた。

$$2Al+6HCl \longrightarrow 2AlCl_3+3H_2$$

実験Ⅱ　**実験Ⅰ**で反応せずに残った銅をろ過により取り出し、濃硝酸を加えると、次の反応により銅がすべて溶けた。この反応で発生した二酸化窒素の体積を求めた。

$$Cu+4HNO_3 \longrightarrow Cu(NO_3)_2+2NO_2+2H_2O$$

これらの実験に用いた**A**の質量と、発生した気体の体積の関係は、図のようになった。**A**に含まれる銅とアルミニウムの物質量〔mol〕の比（銅：アルミニウム）として最も適当なものを、下の①～⑥のうちから一つ選べ。

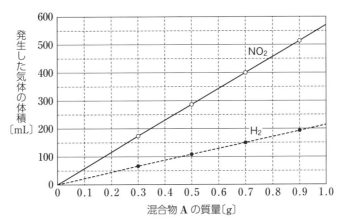

① 1:1　② 1:2　③ 1:3　④ 2:1　⑤ 2:3　⑥ 3:1

（15　センター本試）

25 電導度滴定 2分　濃度不明の水酸化バリウム水溶液のモル濃度を求めるために、その50 mL をビーカーにとり、水溶液の電気の通しやすさを表す電気伝導度を測定しながら、0.10 mol/L の希硫酸で滴定した。イオンの濃度により電気伝導度が変化することを利用して中和点を求めたところ、中和に要した希硫酸の体積は25 mL であった。この実験結果に関する次の問い（**a・b**）に答えよ。ただし、滴定中におこる電気分解は無視できるものとする。

a　希硫酸の滴下量に対する電気伝導度の変化の組合せとして最も適当なものを、右の①～⑥のうちから一つ選べ。

b　水酸化バリウム水溶液のモル濃度は何 mol/L か。最も適当な数値を、次の①～⑥のうちから一つ選べ。

① 0.025　② 0.050　③ 0.1
④ 0.25　⑤ 0.50　⑥ 1.0

（18　センター本試）

	希硫酸の滴下量が0 mL から25 mLまでの電気伝導度	希硫酸の滴下量が25 mL 以上のときの電気伝導度
①	変化しなかった	減少した
②	変化しなかった	増加した
③	減少した	変化しなかった
④	減少した	増加した
⑤	増加した	変化しなかった
⑥	増加した	減少した

1 固体の構造

1 金属結晶

(ア   )…結晶の構成粒子がどのように配列しているかを示したもの。その最小単位を
(イ   )という。
(ウ   )…結晶格子内で、1つの粒子に隣接する他の粒子の数。
(エ   )…単位格子の体積に占める原子の体積の割合。

最密充填構造…結晶格子中の原子どうしが、最も密に詰め込まれた、最も充填率の大きい結晶構造。

単位格子 (六方最密構造は灰色の部分)			
格子名	(オ)	(ケ)	六方最密構造
金属の例	Li、Na、Fe	Al、Cu、Ag	Mg、Zn、Co
含まれる粒子数	$\frac{1}{8}\times$(カ)$+1\times1=$(キ)	$\frac{1}{8}\times8+\frac{1}{2}\times$(コ)$=$(サ)	$\frac{1}{6}\times12+\frac{1}{2}\times2+3=6$ （単位格子：2）
配位数	(ク)	(シ)	12
充填率	68%	74%（最密充填）	74%（最密充填）

2 イオン結晶

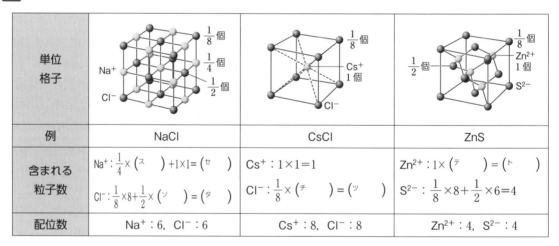

単位格子			
例	NaCl	CsCl	ZnS
含まれる粒子数	$Na^+:\frac{1}{4}\times$(ス)$+1\times1=$(セ) $Cl^-:\frac{1}{8}\times8+\frac{1}{2}\times$(ソ)$=$(タ)	$Cs^+:1\times1=1$ $Cl^-:\frac{1}{8}\times$(チ)$=$(ツ)	$Zn^{2+}:1\times$(テ)$=$(ト) $S^{2-}:\frac{1}{8}\times8+\frac{1}{2}\times6=4$
配位数	$Na^+:6,\ Cl^-:6$	$Cs^+:8,\ Cl^-:8$	$Zn^{2+}:4,\ S^{2-}:4$

解答

(ア) 結晶格子 (イ) 単位格子 (ウ) 配位数 (エ) 充填率
(オ) 体心立方格子 (カ) 8 (キ) 2 (ク) 8 (ケ) 面心立方格子
(コ) 6 (サ) 4 (シ) 12 (ス) 12 (セ) 4 (ソ) 6 (タ) 4
(チ) 8 (ツ) 1 (テ) 4 (ト) 4

共通テスト攻略の Point！
代表的な結晶格子の構造をおさえておくこと。特に単位格子中の粒子の数、密度、原子量、アボガドロ数との関係を理解しておく。

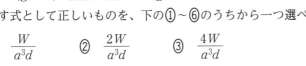
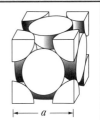

銀の結晶は、図に示す面心立方格子である。単位格子の一辺を a〔cm〕、モル質量を W〔g/mol〕、結晶の密度を d〔g/cm³〕とするとき、アボガドロ定数 N_A〔/mol〕を表す式として正しいものを、下の①〜⑥のうちから一つ選べ。

①　$\dfrac{W}{a^3 d}$　　　②　$\dfrac{2W}{a^3 d}$　　　③　$\dfrac{4W}{a^3 d}$

④　$\dfrac{Wd}{a^3}$　　　⑤　$\dfrac{2Wd}{a^3}$　　　⑥　$\dfrac{4Wd}{a^3}$

(04　センター本試)

解説　原子 1 個の質量〔g〕は、次のように求められる。

$$\frac{モル質量〔g/mol〕}{アボガドロ定数〔/mol〕} = \frac{W〔g/mol〕}{N_A〔/mol〕}$$

銀は面心立方格子なので、単位格子あたり 4 個の原子を含む。したがって、この結晶の密度について、次式が成り立つ。

$$d〔g/cm^3〕 = \frac{単位格子の質量〔g〕}{単位格子の体積〔cm^3〕} = \frac{\dfrac{W}{N_A}〔g〕\times 4}{a^3〔cm^3〕}$$

$d = \dfrac{4W}{a^3 N_A}$　　　よって、$N_A = \dfrac{4W}{a^3 d}$

● CHECK POINT

モル質量 W〔g/mol〕は、原子 1 mol（＝6.0×10²³個）あたりの質量なので、W〔g/mol〕をアボガドロ定数 N_A〔/mol〕で割れば、原子 1 個の質量が求められる。
面心立方格子の単位格子には、4 個の原子が含まれる。

解答 ③

必修問題

ESSENTIAL

26 **結晶格子の配列** **1分**　図は面心立方格子の金属結晶の単位格子を示している。この単位格子の頂点 **a**、**b**、**c**、**d** を含む面に存在する原子の配置を表す図として正しいものを、次の①〜⑥のうちから一つ選べ。ただし、●は原子の位置を表している。

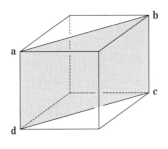
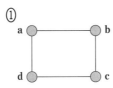
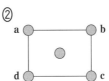
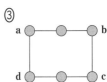
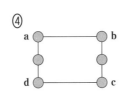
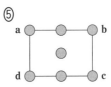
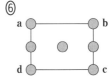

(16　センター本試)

27 **単位格子中の粒子の数** **1分**　金属結晶では、金属原子が規則正しく配列している。金属アルミニウムは面心立方格子をとり、図の立方体はその単位格子を表している。この単位格子中に含まれるアルミニウム原子の数として最も適当なものを、以下の①〜⑥のうちから一つ選べ。

①　2　　　②　4　　　③　5　　　④　7　　　⑤　8　　　⑥　14

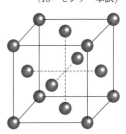

(15　センター本試)

11

28 六方最密構造 2分

ある金属単体は図のように層**A**と層**B**の２層の繰り返しによって形成される六方最密構造(六方最密充填)の結晶格子をとる。図の単位格子(灰色部分)に含まれる金属原子の数はいくつか。正しい数を、次の①～⑥のうちから一つ選べ。

① 1　② 2　③ 3　④ 4　⑤ 5　⑥ 6

(18 センター本試)

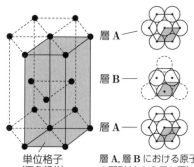

単位格子
(灰色部分)

層**A**, 層**B**における原子の配列(上から見た図)

29 面心立方格子 3分

図のような面心立方格子の結晶構造をもつ金属の原子半径をr〔cm〕とする。この金属結晶の単位格子一辺の長さa〔cm〕を表す式として最も適当なものを、次の①～⑥のうちから一つ選べ。

①　$\dfrac{4\sqrt{3}}{3}r$　　②　$2\sqrt{2}\,r$　　③　$4r$

④　$\dfrac{2\sqrt{3}}{3}r$　　⑤　$\sqrt{2}\,r$　　⑥　$2r$

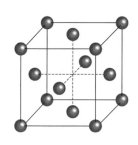

(17 センター本試)

30 単位格子の比較 3分

同じ大きさの球を用いて、面心立方格子と体心立方格子をつくった。図は、それぞれの格子の、配列の最小単位(単位格子)を示したものである。以下の記述①～⑤のうちから、正しいものを一つ選べ。

① 面心立方格子の方が、体心立方格子よりも単位格子内に含まれる球の数が多い。

② 面心立方格子と体心立方格子では、単位格子の一辺の長さが等しい。

③ 面心立方格子と体心立方格子では、一つの球に接する球の数が等しい。

④ 面心立方格子よりも体心立方格子の方が、同じ体積で比べると球が密に詰め込まれている。

⑤ 面心立方格子と体心立方格子は、ともに単位格子の中心に隙間がない。

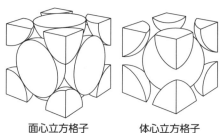

面心立方格子　　体心立方格子

(97 センター本試)

31 体心立方格子 3分

金属結晶では、金属原子が規則正しく配列している。金属ナトリウムの単位格子は、図の立方体で表される。金属ナトリウムの密度をd〔g/cm³〕、ナトリウムのモル質量をW〔g/mol〕、アボガドロ定数をN_A〔/mol〕としたとき、単位格子の体積を表す式として正しいものを、次の①～⑥のうちから一つ選べ。

①　$\dfrac{WN_A}{d}$　　②　$\dfrac{2WN_A}{d}$　　③　$\dfrac{5WN_A}{d}$

④　$\dfrac{W}{dN_A}$　　⑤　$\dfrac{2W}{dN_A}$　　⑥　$\dfrac{5W}{dN_A}$

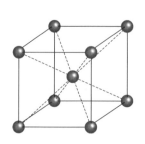

(16 センター追試)

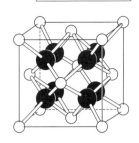

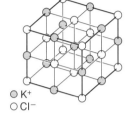

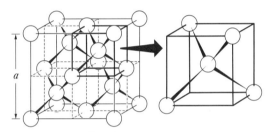

☑ **32** ☆☆☆ **イオン結晶の組成式** -3分- 図の立方体は陽イオンAと陰イオンBから
なる単位格子を示している。この結晶構造を有する物質の組成式として最
も適当なものを、次の①～⑥のうちから一つ選べ。

①　AB　　　②　AB_2　　　③　A_2B

④　A_2B_3　　　⑤　A_3B_2　　　⑥　A_7B_4

○　陽イオン A
●　陰イオン B

（18　センター追試）

☑ **33** ☆☆☆ **イオン結晶の密度** -3分- 塩化カリウムの結晶は、カリウムイオンと塩化
物イオンが図のように配列した単位格子をもつ。この単位格子は体積が
$2.5×10^{-22}$ cm³の立方体である。アボガドロ定数を $6.0×10^{23}$/mol としたと
きの結晶の密度は何 g/cm³ か。最も適当な数値を、次の①～⑤のうちから一
つ選べ。

①　1.0　　　②　1.5　　　③　2.0　　　④　3.0　　　⑤　4.0

◉ K⁺
○ Cl⁻

（17　センター追試）

☑ **34** ☆☆☆ **共有結合の結晶** -5分- ある元素の原子だけか
らなる共有結合の結晶がある。結晶の単位格子
（立方体）と、その一部を拡大したものを図に示す。
単位格子の一辺の長さを a〔cm〕、結晶の密度を d
〔g/cm³〕、アボガドロ定数を N_A〔/mol〕とするとき、
次の問い（**ア・イ・ウ**）に答えよ。

ア この元素のモル質量はどのように表されるか。最も適当な式を①～④のうちから一つ選べ。

①　$\dfrac{a^3 d N_A}{8}$　　　②　$\dfrac{a^3 d N_A}{9}$　　　③　$\dfrac{a^3 d N_A}{10}$　　　④　$\dfrac{a^3 d N_A}{12}$

イ 原子間結合の長さ〔cm〕はどのように表されるか。最も適当な式を①～⑤のうちから一つ選べ。

①　$\dfrac{\sqrt{2}\,a}{4}$　　　②　$\dfrac{\sqrt{3}\,a}{4}$　　　③　$\dfrac{\sqrt{2}\,a}{2}$　　　④　$\dfrac{\sqrt{3}\,a}{2}$　　　⑤　$\dfrac{\sqrt{3}\,a}{8}$

ウ この結晶の充填率を求めると、何％になるか。有効数字2桁で ▢1 ▢2 ％と表すとき、
▢1 、▢2 にあてはまる数字を、次の①～⓪のうちから一つずつ選べ。ただし、同じものを繰
り返し選んでもよい。また、必要があれば次の値を用いよ。$\sqrt{2}=1.41$、$\sqrt{3}=1.73$、$\pi=3.14$

①　1　　②　2　　③　3　　④　4　　⑤　5　　⑥　6　　⑦　7　　⑧　8　　⑨　9　　⓪　0

（99　センター本試　改）

☑ **35** ☆☆ **合金の結晶構造** -3分- Cu と Au で構成さ
れる Cu_3Au は、一般的な合金と異なり、その
組成を反映させて Cu 原子と Au 原子が格子
内に規則的に配列した面心立方格子型の一定
の結晶構造をとる。Cu_3Au の結晶構造におけ
る Au 原子の位置を●で表したものとして適
当なものを、つぎの①～⑥から**2つ選べ**。

（18　東北大　改）

活用問題

36 分子の形 **5分** 次の文章を読み、下の問いに答えよ。

分子を構成する原子が3個以上になると分子はさまざまな形をとるようになる。分子を構成する原子の幾何学的配置によって、直線形、折れ線形、正四面体形というように分子の形が表現される。このような分子の形をとる理由を説明するために、次の2つの仮定（**a**、**b**）をたてる。

a 分子の中心に位置する原子のまわりの共有電子対と非共有電子対は互いに反発し合うので、互いができるだけ遠い位置を占める。

b 非共有電子対は共有電子対よりも空間的に広がっているので、電子対間の反発力は共有電子対よりも強い。

この2つの仮定に基づいて分子の形を考える。

原子3個で構成される水分子では、水分子の酸素原子のまわりには共有電子対が [1] 個、非共有電子対が [2] 個存在する。これらの電子対すべてが互いにできるだけ遠く離れるように位置することで、水分子の形は折れ線形となる。原子4個で構成されるアンモニアと三フッ化ホウ素では、中心原子はそれぞれ窒素とホウ素であり、これらの中心原子がそれぞれ水素またはフッ素と3本の化学結合を形成している。三フッ化ホウ素の場合、ホウ素原子のまわりには共有電子対が3個、非共有電子対が [3] 個あり、これらの電子対ができるだけ遠い位置を占めることで分子の形が決まる。原子5個で構成されるアンモニウムイオンも、同じ考え方でイオンの形を推定できる。

問1 [1] ～ [3] にあてはまる数字を、次の①～⓪のうちから一つずつ選べ。ただし、同じものを繰り返し選んでもよい。

① 1　② 2　③ 3　④ 4　⑤ 5　⑥ 6　⑦ 7　⑧ 8　⑨ 9　⓪ 0

問2 仮定**a**に基づいて考えたとき、表の [4] ～ [6] にあてはまる形として、最も適切なものを右の①～⑥からそれぞれ一つずつ選べ。

分子またはイオン	形
水	折れ線形
アンモニア	[4]
三フッ化ホウ素	[5]
アンモニウムイオン	[6]

① 直線形
② 折れ線形
③ 三角形
④ 四角形
⑤ 三角錐形
⑥ 正四面体形

問3 中心原子と他の2つの原子との間に2個の化学結合があり、この2個の化学結合の間の角度を結合角という。例えば、直線形の二酸化炭素の結合角は180°である。水、アンモニア、アンモニウムイオンの結合角をそれぞれα、β、γとするとき、これらの結合角の大小関係は、仮定**b**に基づいて考えると [7] となる。

[7] にあてはまる大小関係を次の①～⑨のうちから一つ選べ。

① $\alpha > \beta > \gamma$　　② $\alpha > \gamma > \beta$　　③ $\beta > \alpha > \gamma$　　④ $\beta > \gamma > \alpha$　　⑤ $\gamma > \alpha > \beta$

⑥ $\gamma > \beta > \alpha$　　⑦ $\alpha > \beta = \gamma$　　⑧ $\beta > \gamma = \alpha$　　⑨ $\alpha = \beta = \gamma$

(04 東北大 改)

37 限界半径比 <5分> 次の文章を読み、下の問いに答えよ。

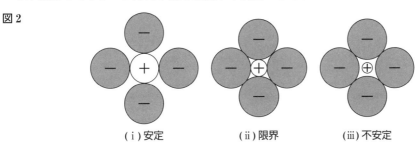

　陽イオンAと陰イオンBからなり、組成式ABで表されるイオン結晶の代表的な構造として、**図1**に示す3つがある。医薬品に用いられる酸化マグネシウム MgO（イオン半径 Mg^{2+}：0.086 nm、O^{2-}：0.126 nm）が、図の3つの構造のうち、どの構造をとるかを考えてみよう。

図1

塩化ナトリウム型　　　　塩化セシウム型　　　　閃亜鉛鉱型

　一般に、イオン結晶（陰イオン半径 r^- ＞陽イオン半径 r^+）の安定性は、次の2つの条件（**a**、**b**）により決まる。

a　陽イオンと陰イオンは、静電気力により（ⅰ）のように接しており、できるだけ自身と反対符号のイオンに接している構造の方が安定である。

b　陰イオンに対して陽イオンが（ⅱ）の限界を超えて小さいと、（ⅲ）のように陰イオンどうしだけが接触してしまい、斥力が働き結晶が不安定となる。

図2

（ⅰ）安定　　　　　（ⅱ）限界　　　　　（ⅲ）不安定

　aの条件だけを考えると、最も安定な結晶構造は、[　1　] である。次に、**b**の条件も考慮するために、3つの構造における（ⅱ）の状態（陰イオンどうしが接し、陽イオンと陰イオンも接しているとき）のイオン半径比 r^+/r^- を求めると、塩化ナトリウム型が 0.[　2　][　3　]、塩化セシウム型が 0.73、閃亜鉛鉱型が 0.23 となる。酸化マグネシウムのイオン半径比 r^+/r^- は 0.68 であるため、酸化マグネシウムが [　1　] の構造をとろうとすると、r^- に対して r^+ が小さく、（ⅲ）のように不安定になってしまう。よって、酸化マグネシウムは、**a**、**b**の2つの条件により、[　4　] の結晶構造をとると考えられる。

問1　[　1　] にあてはまる構造を下の【語群】の①～③のうちから一つ選べ。

問2　[　2　]、[　3　] にあてはまる数字を、次の①～⓪のうちから一つずつ選べ。ただし、同じものを繰り返し選んでもよい。また、必要があれば次の値を用いよ。$\sqrt{2}=1.41$、$\sqrt{3}=1.73$、$\sqrt{6}=2.45$

　　① 1　② 2　③ 3　④ 4　⑤ 5　⑥ 6　⑦ 7　⑧ 8　⑨ 9　⓪ 0

問3　[　4　] にあてはまる構造を次の【語群】の①～③のうちから一つ選べ。

　【語群】　① 塩化ナトリウム型　　② 塩化セシウム型　　③ 閃亜鉛鉱型

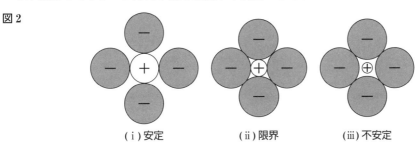

2 物質の三態と気体の性質

1 状態変化と熱量

融解熱…物質 1 mol が融解するときに (^{ア}) する熱量。

蒸発熱…物質 1 mol が蒸発するときに (^{イ}) する熱量。

●比熱が c 〔J/(g·K)〕の物質 m〔g〕に一定の熱量を加えて温度が t〔K〕変化したときの熱量 q〔J〕は、$q=(^{ウ})

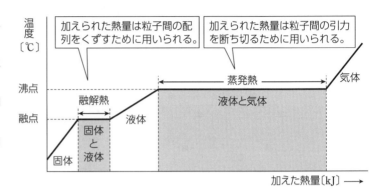

2 分子間力

分子間力…分子間に働く弱い引力や相互作用の総称。

分子間力

- ファンデルワールス力 …すべての分子間に働く弱い引力。分子量が (^{エ}) ほど強く作用する。
- 極性分子間に働く引力 …極性分子間に働く弱い静電気的な引力。ファンデルワールス力よりも強い。
- ^{オ} …電気陰性度の大きい F、O、N と H 原子の間に形成され、静電気的な引力によって生じる結合。分子間力の中で最も強い。

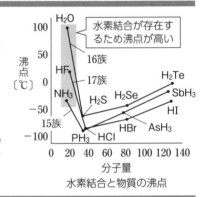

水素結合と物質の沸点

3 気液平衡と蒸気圧

①**圧力の測定** 気体の圧力は水銀柱の高さ h で表すことができる。通常の大気圧 $1.013×10^5$ Pa では $h=(^{カ}) mm になり、このときの圧力は 760 mmHg と表される。

$$1.013×10^5\,Pa=760\,mmHg=1\,atm$$

(^{キ})…容器内で、蒸発する分子の数と凝縮する分子の数が等しくなり、見かけ上変化がおこらなくなった状態。

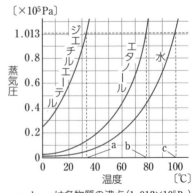

②**飽和蒸気圧** 気液平衡のとき、蒸気が示す圧力を飽和蒸気圧または単に蒸気圧という。蒸気圧は、(^{ク}) が一定であれば、容器の体積に関係なく、一定の値を示す。

③**蒸気圧曲線** 温度と蒸気圧の関係を示す曲線。

①温度が高いほど蒸気圧は (^{ケ}) なる。

②外圧を大きくすると、沸騰する温度は高くなる。一方、外圧を小さくすると、沸騰する温度は低くなる。

③分子間力が大きい物質は蒸気圧が (^{コ})、沸点が (^{サ})。

沸騰…物質の蒸気圧が外圧(大気圧)と等しくなったとき、液体の内部で気泡が形成され、液面が激しく泡立つ現象。このときの温度が (^{シ}) である。

a, b, c は各物質の沸点($1.013×10^5$ Pa)

④**物質の状態図** 温度・圧力に応じて、物質がどの状態をとるかを示す図。

三重点…固体、液体、気体の状態が共存する点。

臨界点…液体と気体が区別できなくなる点。

❶氷に圧力を加えると、融解して水になる。

❷ドライアイスは通常の圧力では昇華して気体になる。

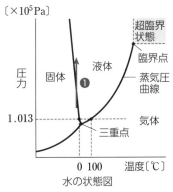

水の状態図

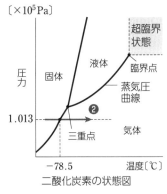

二酸化炭素の状態図

4 気体の性質

①気体の体積変化

(ス) の法則
一定量の気体の体積は、圧力に反比例する（温度一定）

$P_1V_1 = P_2V_2$

(セ) の法則
一定量の気体の体積は、絶対温度に比例する（圧力一定）

$\dfrac{V_1}{T_1} = \dfrac{V_2}{T_2}$

(*P*：圧力、*V*：体積、*T*：絶対温度)

(ソ) の法則
一定量の気体の体積は、圧力に反比例し、絶対温度に比例する

$\dfrac{P_1V_1}{T_1} = \dfrac{P_2V_2}{T_2}$

絶対温度 T〔K〕とセルシウス温度 t〔℃〕の関係
T の数値＝273＋t の数値 （$T/\mathrm{K}=273+t/℃$）

②気体の状態方程式
n〔mol〕の気体が、P〔Pa〕、T〔K〕のもとで V〔L〕を占めるとき、次の関係が成り立つ。

$$PV = (\text{タ} \qquad)$$ （R：気体定数 $R=8.3\times10^3\,\mathrm{Pa\cdot L/(K\cdot mol)}$）

ある気体のモル質量をM〔g/mol〕、質量をw〔g〕とすると、次の関係が成り立つ。

$$PV = (\text{チ} \qquad) \quad \text{または} \quad M = (\text{ツ} \qquad)$$

③混合気体の圧力
混合気体の示す圧力を全圧、各成分気体の示す圧力を (テ) という。

(ト) の分圧の法則…混合気体の全圧は、各成分気体の分圧の和に等しい。 $P = p_A + p_B + \cdots\cdots$ （P：全圧、p_A、$p_B\cdots$：分圧）

また、分圧＝全圧×モル分率と表すことができる。

④水上置換と分圧
水上置換で捕集した気体は、(ナ) との混合気体になっている。

水上置換のとき…大気圧〔Pa〕＝気体の分圧〔Pa〕＋水蒸気圧〔Pa〕

水蒸気圧
気体の分圧
大気圧

水面を一致させる
水

注意 水面が一致していないとき、水柱の圧力の補正をする必要がある。

⑤理想気体と実在気体

理想気体…(ニ) が働かず、分子自身の体積がないと仮定した気体。気体の状態方程式が完全に成り立つ。

実在気体…(ヌ) が働き、分子自身に体積があるため、気体の状態方程式が完全には成立しない。〔ネ 高・低 〕温・〔ノ 高・低 〕圧では、分子間力や分子自身の体積の影響が無視でき、気体の状態方程式が適用できる。

解答
（ア）吸収 （イ）吸収 （ウ）mct （エ）大きい （オ）水素結合 （カ）760

（キ）気液平衡 （ク）温度 （ケ）大きく （コ）小さく （サ）高い （シ）沸点

（ス）ボイル （セ）シャルル （ソ）ボイル・シャルル （タ）nRT （チ）$\dfrac{wRT}{M}$

（ツ）$\dfrac{wRT}{PV}$ （テ）分圧 （ト）ドルトン （ナ）水蒸気 （ニ）分子間力

（ヌ）分子間力 （ネ）高 （ノ）低

共通テスト攻略のPoint!
蒸気圧がからむ気体の問題は、苦手とする受験生が多いため、しっかりと原理を理解してから、演習を行う。

高度 10000m において、大気圧は $2.6 \times 10^4 \mathrm{Pa}$、温度は -50℃である。気球が20℃、$1.0 \times 10^5 \mathrm{Pa}$ の海水面から上昇してこの高度に達したとき、気球の体積は何倍になるか。次の①～⑤のうちから適当な数値を一つ選べ。ただし、気体は理想気体であるとし、気球は自由に膨張できるものとする。

　①　0.34　　　②　1.7　　　③　2.9　　　④　3.8　　　⑤　5.0　　　　　(92　センター本試)

解説

　地上で気球の体積を V_1、高度 10000m での気球の体積を V_2 として、ボイル・シャルルの法則を用いると、

$$\frac{1.0 \times 10^5 \mathrm{Pa} \times V_1}{(273+20)\mathrm{K}} = \frac{2.6 \times 10^4 \mathrm{Pa} \times V_2}{(273-50)\mathrm{K}}$$

これを変形すると、

$$\frac{V_2}{V_1} = \frac{1.0 \times 10^5 \mathrm{Pa} \times 223\mathrm{K}}{2.6 \times 10^4 \mathrm{Pa} \times 293\mathrm{K}} = 2.92 \quad \textbf{2.9}$$

● **CHECK POINT**

ボイル・シャルルの法則

$$\frac{P_1 V_1}{T_1} = \frac{P_2 V_2}{T_2}$$

解答　③

　図はエタノールの蒸気圧曲線である。容積 1.0L の密閉容器に 0.010mol のエタノールのみが入っている。容器の温度が 40℃ および60℃のとき、容器内の圧力はそれぞれ何 Pa か。圧力の値の組合せとして最も適当なものを、次の①～⑥のうちから一つ選べ。ただし、気体定数は $R = 8.3 \times 10^3 \mathrm{Pa \cdot L/(K \cdot mol)}$ とする。また、容器内での液体の体積は無視できるものとする。

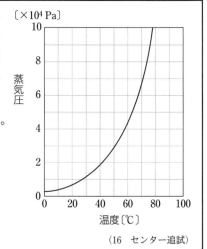

〔×10⁴Pa〕

蒸気圧

温度〔℃〕

(16　センター追試)

	40℃での圧力〔Pa〕	60℃での圧力〔Pa〕		40℃での圧力〔Pa〕	60℃での圧力〔Pa〕
①	1.8×10^4	2.3×10^4	④	2.3×10^4	2.3×10^4
②	1.8×10^4	2.8×10^4	⑤	2.3×10^4	2.8×10^4
③	1.8×10^4	4.5×10^4	⑥	2.6×10^4	2.8×10^4

解説

　0.010mol のエタノールがすべて気体であると仮定し、40℃のときの圧力を P_{40}、60℃のときの圧力を P_{60} として、$PV = nRT$ より求めると、

$$P_{40} = \frac{0.010\mathrm{mol} \times 8.3 \times 10^3 \mathrm{Pa \cdot L/(K \cdot mol)} \times (273+40)\mathrm{K}}{1.0\mathrm{L}} = 2.6 \times 10^4 \mathrm{Pa}$$

$$P_{60} = \frac{0.010\mathrm{mol} \times 8.3 \times 10^3 \mathrm{Pa \cdot L/(K \cdot mol)} \times (273+60)\mathrm{K}}{1.0\mathrm{L}} = 2.8 \times 10^4 \mathrm{Pa}$$

ここで、40℃の飽和蒸気圧は、グラフから約 $1.8 \times 10^4 \mathrm{Pa}$ であり、P_{40} の値は飽和蒸気圧を超えている。よって、40℃では、エタノールの一部は凝縮しており、圧力は飽和蒸気圧の $\textbf{1.8} \times \textbf{10}^4 \textbf{Pa}$ となる。一方、60℃の飽和蒸気圧は、グラフより約 $4.5 \times 10^4 \mathrm{Pa}$ であり、P_{60} より大きい。したがって、60℃では、エタノールはすべて気体として存在できるので、圧力は $\textbf{2.8} \times \textbf{10}^4 \textbf{Pa}$ となる。

● **CHECK POINT**

密閉容器内では、気体は飽和蒸気圧を超える圧力では存在できず、凝縮し、容器内は気液平衡の状態となる。したがって、この時の容器内の圧力は、その温度における飽和蒸気圧となる。

解答　②

38 ☆ **物質の状態** 1分　物質の状態に関する記述として下線部に**誤りを含むもの**を、次の①～⑤のうちから一つ選べ。

① ピストン付き密閉容器内の気体の温度を一定にしたまま体積を小さくすると、<u>単位時間・単位面積あたり容器の壁に衝突する分子の数が増える。</u>

② 温度を上げると気体中の分子の拡散が速くなるのは、<u>気体の分子がエネルギーを得て、その運動が活発になるからである。</u>

③ 蒸気圧が一定の密閉容器内では、<u>液体の表面から飛び出した分子は再び液体中に戻らない。</u>

④ 大気中に放置したビーカー中の液体が蒸発して次第にその量が減少するのは、<u>蒸発した分子が空気中に拡散していくからである。</u>

⑤ 固体から液体へ状態が変化すると、この物質を構成する分子は、<u>融解熱に相当するエネルギーを得て、移動できるようになる。</u>

(05　センター本試　改)

39 ☆☆ **状態変化と熱量** 2分　1.0×10^5 Pa のもとで、ある量の氷に単位時間あたり一定の熱量を加えて、氷から水への状態変化を調べた。そのときの温度と加熱時間の関係を右図に示す。この変化に関する記述として正しいものを、次の①～④のうちから一つ選べ。ただし、領域**A**は氷だけの状態、領域**B**は氷と水が共存している状態を示す。また、加熱はゆっくり行い、温度は均一であるとする。

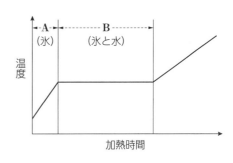

① 氷の質量を2倍にすると、領域**A**において直線の傾きは2倍になる。

② 氷の質量を2倍にすると、領域**B**の加熱時間は1/2倍になる。

③ 単位時間に加える熱量を2倍にすると、領域**A**において直線の傾きは2倍になる。

④ 単位時間に加える熱量を2倍にすると、領域**B**の加熱時間は2倍になる。

(05　センター追試(ⅠA))

40 ☆☆☆ **水素化合物の沸点** 3分　図に示す14族、16族、17族元素の水素化合物の沸点に関する記述として下線部に**誤りを含むもの**を、下の①～④のうちから一つ選べ。

① 16族元素の水素化合物のうち、水の沸点が高いのは、<u>水の一部が電離して H^+ と OH^- を生じるため</u>である。

② 第3～5周期の同じ族の水素化合物で、分子量が大きくなると沸点が高くなるのは、分子間に<u>ファンデルワールス力がより強く働くため</u>である。

③ 同一周期の中で14族元素の水素化合物の沸点が低いのは、正四面体構造の<u>無極性分子であるため</u>である。

④ フッ化水素の沸点が塩化水素に比べて高いのは、分子間に<u>水素結合がより強く働くため</u>である。

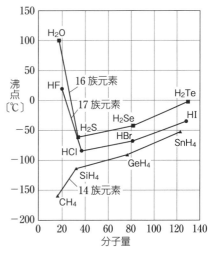

(15　センター本試)

☑ **41** ☆☆☆ **物質の沸点** -1分- 物質Aと物質Bの沸点を比較したとき、物質Bの沸点の方が高い組合せを、次の①～⑥のうちから一つ選べ。

	①	②	③	④	⑤	⑥
物質A	水	食塩水	エタノール	ブタン	フッ化水素	塩素
物質B	硫化水素	水	ジメチルエーテル	プロパン	塩化水素	臭素

(17 センター追試)

☑ **42** ☆☆ **水銀柱の実験** -3分- 図に示すような装置を用い、大気圧が $1.013×10^5$ Pa（＝760 mmHg）のとき、温度25℃で次に示す**操作a**を行うと、ガラス管内の水銀柱の上部に空間ができる。この実験に関する記述として**誤りを含むもの**を、下の①～⑤のうちから一つ選べ。

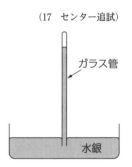

ガラス管

水銀

操作a 一端を閉じた全長900 mmのガラス管に水銀を満たし、容器内の水銀に沈んでいるガラス管の長さが50 mmとなるように、容器内の水銀面に対してガラス管を垂直に倒立させる。

① **操作a**で、容器内の水銀に沈めるガラス管の長さを100 mmにするとガラス管内上部の空間の体積は減少する。

② 図に示したガラス管の下端から上部の空間に少量のメタノールを入れると水銀柱は低くなる。

③ 大気圧が下がると図に示したガラス管内上部の空間の体積は減少する。

④ **操作a**で、全長700 mmのガラス管に変えると、ガラス管内の上部に空間は生じない。

⑤ **操作a**で、全長1200 mmのガラス管に変えると、図と同様にガラス管内の上部に空間が生じ、水銀柱の高さは全長900 mmの長さのガラス管を用いた場合と同じになる。 (17 センター追試)

☑ **43** ☆☆☆ **蒸気圧曲線** -2分- 図は、物質A～Cの飽和蒸気圧と温度の関係を示したものである。物質A～Cに関する記述として**誤りを含むもの**を、下の①～⑤のうちから一つ選べ。

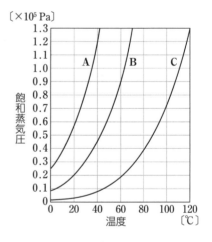

① 外圧が $1.0×10^5$ Paのとき、Cの沸点が最も高い。

② 40℃では、Cの飽和蒸気圧が最も低い。

③ 外圧が $2.0×10^4$ PaのときのBの沸点は、外圧が $1.0×10^5$ PaのときのAの沸点より低い。

④ 20℃の密閉容器にあらかじめ $5.0×10^3$ Paの窒素が入っているとき、その中でのBの飽和蒸気圧は $1.5×10^4$ Paである。

⑤ 80℃におけるCの飽和蒸気圧は、20℃におけるAの飽和蒸気圧より低い。 (04 センター追試 改)

☑ **44** ☆☆ **状態図** -2分- 図は温度と圧力に応じて、二酸化炭素がとりうる状態を示す図である。ここで、A、B、Cは固体、液体、気体のいずれかの状態を表す。臨界点以下の温度と圧力において、次の（a・b）それぞれの条件のもとで、気体の二酸化炭素を液体に変える操作として最も適当なものを、それぞれの解答群の①～④のうちから一つずつ選べ。ただし、T_T と P_T はそれぞれ三重点の温度と圧力である。

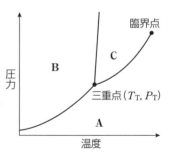

臨界点

C

B

三重点(T_T, P_T)

A

温度

a 温度一定の条件

  ① T_T より低い温度で、圧力を低くする。 ② T_T より低い温度で、圧力を高くする。

  ③ T_T より高い温度で、圧力を低くする。 ④ T_T より高い温度で、圧力を高くする。

b 圧力一定の条件

  ① P_T より低い圧力で、温度を低くする。 ② P_T より低い圧力で、温度を高くする。

  ③ P_T より高い圧力で、温度を低くする。 ④ P_T より高い圧力で、温度を高くする。

(17 センター本試)

45 気体の法則 ☆☆☆ **2分**

一定質量の理想気体の温度を T_1〔K〕または T_2〔K〕に保ったまま、圧力 P を変える。このときの気体の体積 V〔L〕と圧力 P〔Pa〕との関係を表すグラフとして、最も適当なものを、次の①～⑥のうちから一つ選べ。ただし、$T_1 > T_2$ とする。

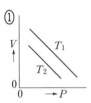 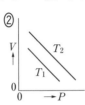 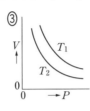 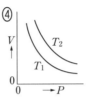 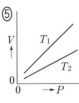 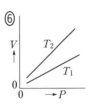

(90 センター本試)

46 ボイル・シャルルの法則 ☆☆☆ **2分**

27℃、1.0×10^5 Pa で、体積一定の密閉容器をアルゴンで満たした。この容器内の温度を177℃に上げたとき、容器内の圧力は何 Pa か。最も適当な数値を、次の①～⑥のうちから一つ選べ。

  ① 1.5×10^4 ② 6.7×10^4 ③ 1.0×10^5 ④ 1.2×10^5 ⑤ 1.5×10^5 ⑥ 6.6×10^5

(15 センター追試)

47 混合気体 ☆☆☆ **3分**

容積が 2.0L、2.5L、0.50L の容器 **A**～**C** を図のように連結し、**A** には 2.0×10^5 Pa の窒素、**C** には 4.0×10^5 Pa の酸素を入れた。**B** は真空である。温度一定のまま、中央の二つのコックを開け、十分に長い時間がたったとき、窒素の分圧〔Pa〕はいくらになるか。最も適当な数値を、次の①～⑤のうちから一つ選べ。ただし、コックを含む連結部分の内容積は無視してよい。

  ① 2.0×10^4 ② 4.0×10^4 ③ 6.0×10^4 ④ 8.0×10^4 ⑤ 1.6×10^5

A 2.0L **B** 2.5L **C** 0.50L

(99 センター本試)

48 混合気体と分圧 ☆☆ **4分**

2 種類の貴ガス(希ガス)**A** と **B** をさまざまな割合で混合し、温度一定のもとで体積を変化させて、全圧が一定値 p_0 になるようにする。元素 **A** の原子量が元素 **B** の原子量より小さいとき、貴ガス **A** の分圧と混合気体の密度の関係を表すグラフはどれか。最も適当なものを、次の①～⑤のうちから一つ選べ。

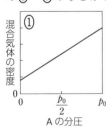 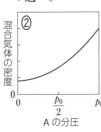 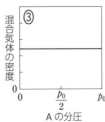 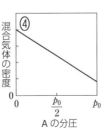 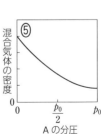

(22 共通テスト本試)

49 ☆☆☆ **混合気体** 3分 0.32gのメタン、0.20gのアルゴン、0.28gの窒素からなる混合気体がある。この混合気体の500Kにおける窒素の分圧は$1.0×10^5$Paである。この混合気体に関する次の問い（**a・b**）に答えよ。ただし、気体はすべて理想気体とみなし、気体定数は$R=8.3×10^3$Pa・L/(K・mol)とする。

　a　500Kにおける混合気体の体積〔L〕として最も適当な数値を、次の①〜⑤のうちから一つ選べ。
　① 0.14　　② 0.42　　③ 1.0　　④ 1.4　　⑤ 4.1

　b　500Kにおける混合気体の全圧〔Pa〕として最も適当な数値を、次の①〜⑤のうちから一つ選べ。
　① $2.0×10^5$　　② $2.5×10^5$　　③ $3.0×10^5$　　④ $3.5×10^5$　　⑤ $4.0×10^5$

（04　センター追試）

50 ☆☆☆ **飽和蒸気圧と混合気体** 3分　ピストン付きの密閉容器に窒素と少量の水を入れ、27℃で十分な時間静置したところ、圧力が$4.50×10^4$Paで一定になった。密閉容器の容積が半分になるまで圧縮して27℃で十分な時間静置すると、容器内の圧力は何Paになるか。最も適当な数値を、次の①〜⑦のうちから一つ選べ。ただし、密閉容器内に液体の水は常に存在し、その体積は無視できるものとする。また、窒素は水に溶解しないものとし、27℃の水の蒸気圧は$3.60×10^3$Paとする。

　① $2.25×10^4$　　② $2.43×10^4$　　③ $4.14×10^4$　　④ $5.40×10^4$
　⑤ $8.28×10^4$　　⑥ $8.64×10^4$　　⑦ $9.00×10^4$

（17　センター本試）

51 ☆☆☆ **気体の分子量測定** 3分　水への溶解度が無視できる気体のモル質量を求めるため、図に示す装置を使って、次の**a〜d**の順序で実験した。

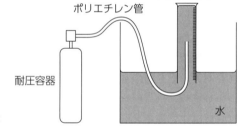

　a　気体がつまった耐圧容器の質量を測定したところ、W_1〔g〕であった。

　b　耐圧容器から、ポリエチレン管を通じて気体をメスシリンダーにゆっくりと導き、内部の水面が水槽の水面より少し上まで下がったとき、気体の導入をやめた。メスシリンダーの目盛りを読んだところ、気体の体積はV_1〔L〕であった。

　c　メスシリンダーを下に動かし、内部の水面を水槽の水面と一致させて目盛りを読んだところ、気体の体積はV_2〔L〕であった。

　d　ポリエチレン管を外して耐圧容器の質量を測定したところ、W_2〔g〕であった。
　実験中、大気圧はP〔Pa〕、気温と水温は常にT〔K〕であった。水の蒸気圧をp〔Pa〕、気体定数をR〔Pa・L/(K・mol)〕とするとき、気体のモル質量はどのように表されるか。最も適当なものを、次の①〜⑥のうちから一つ選べ。ただし、ポリエチレン管の内容積は無視できるものとする。

　① $\dfrac{RT(W_1-W_2)}{(P+p)V_1}$　　　② $\dfrac{RT(W_1-W_2)}{PV_1}$　　　③ $\dfrac{RT(W_1-W_2)}{(P-p)V_1}$

　④ $\dfrac{RT(W_1-W_2)}{(P+p)V_2}$　　　⑤ $\dfrac{RT(W_1-W_2)}{PV_2}$　　　⑥ $\dfrac{RT(W_1-W_2)}{(P-p)V_2}$

（99　センター追試　改）

52 温度と圧力 2分

次の物質ア～エを、それぞれ容積 1 L の容器に入れて密閉し、0 ～ 100℃の範囲で温度を変化させた。そのときの各容器内の圧力変化を図に示す。直線または曲線 a ～ d と物質との組合せとして最も適当なものを、以下の①～⑥のうちから一つ選べ。

ア　0.02 mol の酸素
イ　0.04 mol の窒素
ウ　0.01 mol の水
エ　0.03 mol のジエチルエーテル

(01　センター本試)

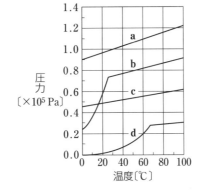

	a	b	c	d
①	ア	イ	ウ	エ
②	ア	ウ	エ	イ
③	ア	エ	イ	ウ
④	イ	ウ	ア	エ
⑤	イ	エ	ウ	ア
⑥	イ	エ	ア	ウ

53 理想気体と実在気体 2分

理想気体と実在気体に関する記述として下線部に**誤りを含むもの**を、次の①～⑤のうちから一つ選べ。

① 理想気体では、物質量と温度が一定であれば、圧力を変化させても<u>圧力と体積の積は変化しない</u>。

② 理想気体では、体積一定のまま温度を下げると<u>圧力は単調に減少する</u>。

③ 理想気体では、気体分子自身の<u>体積はないものと仮定している</u>。

④ 実在気体は、常圧では温度が低いほど<u>理想気体に近いふるまいをする</u>。

⑤ 実在気体であるアンモニア 1 mol の体積が、0℃、$1.013×10^5$ Pa において 22.4 L より小さいのは、アンモニア<u>分子間に分子間力が働いているためである</u>。

(16　センター追試　改)

54 実在気体 2分

実在気体に関する次の文章中の　ア　・　イ　にあてはまる語句の組合せとして最も適当なものを、下の①～⑥のうちから一つ選べ。

図は、ヘリウムとメタンについて、温度 T〔K〕を一定(300 K)とし、$\dfrac{PV}{nRT}$ の値が圧力 P〔Pa〕とともに変化する様子を示したものである。ここで、V は気体の体積〔L〕、n は物質量〔mol〕、R は気体定数〔Pa・L/(K・mol)〕である。メタンでは図の圧力範囲で、$\dfrac{PV}{nRT}$ の値は 1 よりも小さく、圧力が大きくなるとこの値は減少している。これは、　ア　の影響に比べて、　イ　の影響が大きいことによる。一方、ヘリウムでは、$\dfrac{PV}{nRT}$ の値は 1 より大きく、圧力が大きくなるとこの値は増加している。これは、　イ　の影響が非常に小さく、　ア　の影響が大きく表れるためである。

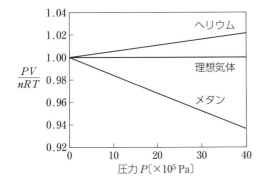

	ア	イ
①	分子間力	分子自身の体積
②	分子間力	分子の熱運動
③	分子自身の体積	分子間力
④	分子自身の体積	分子の熱運動
⑤	分子の熱運動	分子間力
⑥	分子の熱運動	分子自身の体積

(18　センター追試)

活用問題

55 **気体のグラフ** 3分 気体の圧力・体積・温度を変化させることができるコック付きの容器（**図1**）を用いて次の〔**実験1**〕および〔**実験2**〕を行った。下の問い（**a・b**）に答えよ。ただし、気体は理想気体とし、温度の上昇による容器の熱膨張はないものとする。

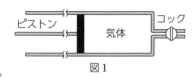
図1

実験1 圧力 3×10^5 Pa、体積 1 L、温度 100 K でピストンを固定した。次に、容器内の温度を 400 K に上げ、**コックを開き**、大気（圧力 1×10^5 Pa、400 K）に開放した後、コックを閉じた。

a このとき、容器内の気体の全物質量は初めの何倍に変化したか。最も適当な数値を、次の①〜⑥のうちから一つ選べ。 1 倍

① $\dfrac{1}{12}$ ② $\dfrac{1}{6}$ ③ $\dfrac{1}{3}$ ④ $\dfrac{1}{2}$ ⑤ $\dfrac{2}{3}$ ⑥ $\dfrac{3}{4}$

実験2 圧力 3×10^5 Pa、体積 1 L、温度 100 K で**図1**の**コックを閉じ**、ピストンを動かせるようにした。

b このときの圧力と温度を、**図2**中の ① → 2 → 3 → 4 と変化させて調整したところ、圧力と体積の関係は、**図3**に示すように、(1) → (2) → (3) → (4) と変化した。 2 〜 4 にあてはまる番号を**図2**中の①〜⑨のうちから一つずつ選べ。

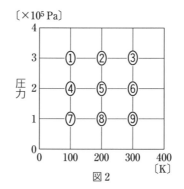
図2

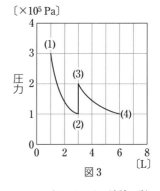
図3

（05 センター追試 改）

56 **実在気体** 4分 実在気体は、理想気体の状態方程式に完全には従わない。実在気体の理想気体からのずれを表す指標として、次の式で表される Z が用いられる。

$$Z = \frac{PV}{nRT}$$

ここで、P、V、n、T は、それぞれ気体の圧力、体積、物質量、絶対温度であり、R は気体定数である。300 K におけるメタン CH_4 の P と Z の関係を図に示す。1 mol の CH_4 を 300 K で 1.0×10^7 Pa から 5.0×10^7 Pa に加圧すると、V は何倍になるか。最も適当な数値を、後の①〜⑤のうちから一つ選べ。

① 0.15 ② 0.20 ③ 0.27
④ 0.73 ⑤ 1.4 （22 共通テスト追試）

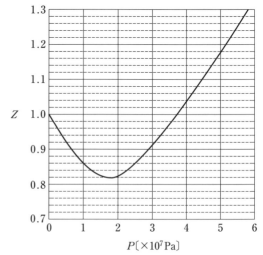

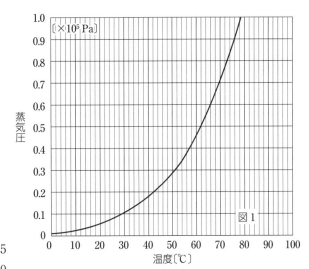

気体定数 $R = 8.3 \times 10^3 \, Pa \cdot L/(K \cdot mol)$

57 蒸気圧曲線 **5分** 蒸気圧(飽和蒸気圧)に関する次の問い(**a・b**)に答えよ。

a エタノール C_2H_5OH の蒸気圧曲線を図1に示す。ピストン付きの容器に90℃で $1.0 \times 10^5 \, Pa$ の C_2H_5OH の気体が入っている。この気体の体積を90℃のままで5倍にした。その状態から圧力を一定に保ったまま温度を下げたときに凝縮が始まる温度を2桁の数値で表すとき、 1 と 2 にあてはまる数字を、次の①〜⓪のうちから一つずつ選べ。 1 2 ℃

① 1　② 2　③ 3　④ 4　⑤ 5
⑥ 6　⑦ 7　⑧ 8　⑨ 9　⓪ 0

b 容積一定の1.0Lの密閉容器に0.024molの液体の C_2H_5OH のみを入れ、その状態変化を観測した。密閉容器の温度を0℃から徐々に上げると、ある温度で C_2H_5OH がすべて蒸発したが、その後も加熱を続けた。蒸発した C_2H_5OH がすべての圧力領域で理想気体としてふるまうとすると、容器内の気体の C_2H_5OH の温度と圧力は、図2の点A〜Gのうち、どの点を通り変化するか。経路として最も適当なものを、次の①〜⑤のうちから一つ選べ。ただし、液体の C_2H_5OH の体積は無視できるものとする。

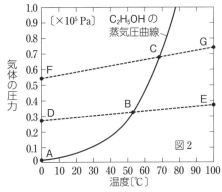

① A→B→C→G　② A→B→E　③ D→B→C→G　④ D→B→E　⑤ F→C→G

(21　共通テスト)

58 CO_2 の状態変化 **3分** なめらかに動くピストン付きの密閉容器に20℃で CO_2 を入れ、圧力600 Pa に保ち、温度を20℃から−140℃まで変化させた。このとき、容器内の CO_2 の温度 t と体積 V の関係を模式的に表した図として最も適当なものを、①〜④のうちから一つ選べ。ただし、温度 t と圧力 p において CO_2 がとりうる状態は図のようになる。なお、図の縦軸が対数で表されている。

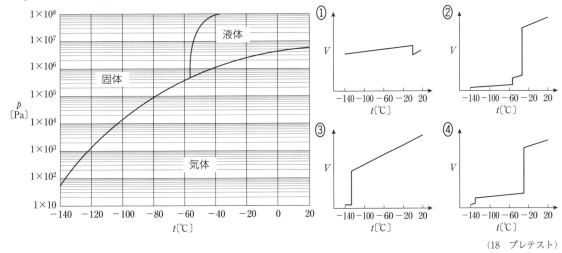

(18　プレテスト)

3 溶液の性質

1 溶解と溶液

①**溶解** 物質が液体に溶けて全体が均一になる現象。

溶媒	溶質	イオン結晶	極性分子	無極性分子
		塩化ナトリウム NaCl	スクロース $C_{12}H_{22}O_{11}$ グルコース $C_6H_{12}O_6$	ヨウ素 I_2 ナフタレン $C_{10}H_8$
極性溶媒	水	よく溶ける	(イ)	(ウ)
無極性溶媒	ヘキサン	(ア)	溶けにくい	(エ)

②**固体の溶解度** 溶媒(水)100 g に溶ける溶質の最大質量〔g〕。一定量の溶媒に溶質が限界まで溶けた溶液のことを (オ   ) という。

(カ   )…飽和溶液中に溶質の固体が存在しているとき、単位時間あたりに溶解する粒子の数と析出する粒子の数が等しくなり、見かけ上、溶解が停止した状態。

溶解度曲線と再結晶…KNO_3 64 g と少量の NaCl の混合物を60℃の水100 g に溶かす。この水溶液を20℃まで冷却すると 64 g−32 g=32 g の KNO_3 の結晶が析出する。一方、NaCl は飽和に達していないため、析出しない。このように、温度による溶解度の差を利用して物質を精製する操作を (キ   ) という。

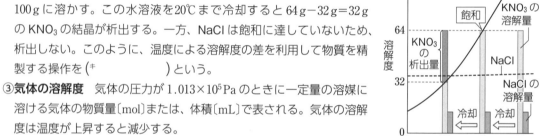

③**気体の溶解度** 気体の圧力が $1.013×10^5$ Pa のときに一定量の溶媒に溶ける気体の物質量〔mol〕または、体積〔mL〕で表される。気体の溶解度は温度が上昇すると減少する。

(ク   ) の法則…溶解度の小さい気体の場合、一定温度で一定量の溶媒に溶解する気体の物質量はその気体の圧力(混合気体では分圧)に (ケ   ) する。※塩化水素やアンモニアのような溶解度の大きい気体では成り立たない。

④**質量モル濃度**…溶媒 1 kg に溶解している溶質の物質量〔mol〕で表す。

$$質量モル濃度〔mol/kg〕=\frac{溶質の物質量〔mol〕}{溶媒の質量〔kg〕}$$

注意 分母は溶液ではなく溶媒の質量〔kg〕である。

2 希薄溶液の性質

①**蒸気圧降下と沸点上昇**…溶液は純溶媒に比べて蒸気圧が (コ   ) なり、沸点は (サ   ) なる。

②**凝固点降下**…溶液は純溶媒に比べて凝固点が (シ   ) なる。

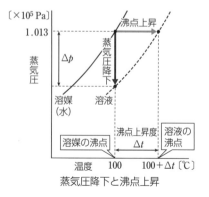

蒸気圧降下と沸点上昇

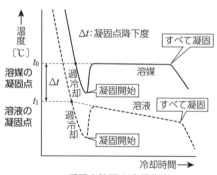

凝固点降下と冷却曲線

③**沸点上昇度・凝固点降下度と溶質の分子量**　沸点上昇度、凝固点降下度 Δt〔K〕は、溶質の種類に関係せず、質量モル濃度 m〔mol/kg〕に (ス　　　　　) する。

$$\Delta t = Km \quad\quad \text{また}\quad \Delta t = K \times \dfrac{w/M}{W} \quad \text{より}\quad M = \dfrac{Kw}{\Delta t W}$$

$\Big[$ Δt：沸点上昇度または凝固点降下度〔K〕、K：モル沸点上昇またはモル凝固点降下〔K・kg/mol〕
m：溶液の質量モル濃度〔mol/kg〕、W：溶媒の質量〔kg〕、w：溶質の質量〔g〕、M：溶質のモル質量〔g/mol〕 $\Big]$

④**浸透圧**

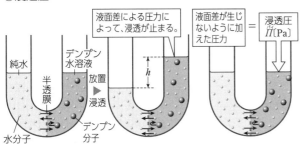

液面差による圧力によって、浸透が止まる。

液面差が生じないように加えた圧力 = 浸透圧 $\varPi$〔Pa〕

純水　デンプン水溶液　半透膜　放置　浸透　水分子　デンプン分子

(a) はじめの状態　(b) 放置した後の状態　(c) 圧力を加えた場合

(a)　デンプン水溶液と純水を半透膜で仕切って放置すると、溶媒の水分子が半透膜を透過して溶液側に移動する (セ　　　　　) という現象がおきる。

(b)　液面差 h による圧力
　　　＝水分子が溶液側へ浸透する圧力

(c)　液面差が生じないように加えた圧力
　　　＝溶液の浸透圧 $\varPi$〔Pa〕

ファント・ホッフの法則…浸透圧 $\varPi$〔Pa〕は、次式で表される。

$$\varPi V = nRT \quad \text{または} \quad \varPi = cRT$$

$\Big[$ $\varPi$：溶液の浸透圧〔Pa〕、V：溶液の体積〔L〕、n：溶質の物質量〔mol〕、
R：気体定数〔Pa・L/(K・mol)〕、T：絶対温度〔K〕、c：溶液のモル濃度〔mol/L〕 $\Big]$

3 コロイド

①**コロイド粒子**　10^{-9}〜10^{-7}m の大きさの粒子。

分散媒…コロイド粒子を分散している物質　　　**分散質**…分散しているコロイド粒子

(ソ　　　) コロイド	高分子1個がコロイド粒子として分散	デンプン、タンパク質
(タ　　　) コロイド	難溶性の微粒子がコロイド粒子として分散	硫黄、水酸化鉄(Ⅲ)
(チ　　　) コロイド	セッケン粒子が集まりコロイド粒子として分散	セッケン

②**コロイド溶液の特性**

(ツ　　　) 現象	強い光をあてると、コロイド粒子が光を散乱し光の通路が明るく見える現象。
(テ　　　) 運動	コロイド粒子がゆれ動きながら不規則に運動する現象。限外顕微鏡で観察する。
(ト　　　)	コロイド粒子は正または負の電荷をもっているため、コロイド溶液をU字管に入れ直流電圧をかけると、一方の電極にコロイド粒子が移動する現象。
(ナ　　　)	コロイド粒子とイオンなどの小さい粒子を、半透膜を用いて分離する操作。

(ニ　　　　)…疎水コロイドが少量の電解質を加えることで沈殿する現象。

(ヌ　　　　)…親水コロイドが多量の電解質を加えることで沈殿する現象。

疎水コロイドを凝析しにくくする(保護作用)ために加える親水コロイドを (ネ　　　　) コロイドという。

共通テスト攻略のPoint！

固体の溶解度は頻出であり、計算に慣れておく。気体の溶解度はヘンリーの法則を用いることができるようにする。希薄溶液の性質(蒸気圧降下・沸点上昇・凝固点降下・浸透圧)と用いる公式を判断できるようにする。これらの性質は溶質粒子の数で決まるため、溶質が電解質か非電解質かは常に意識する。コロイド溶液が示す現象名とその内容を理解しておく。

必修例題 ④ 希薄溶液の性質

関連問題 ⇒ 65・67・68

希薄溶液の性質に関する記述として**誤りを含むもの**を、次の①〜④のうちから一つ選べ。

① 電解質を水に溶かした希薄溶液では、陽イオンと陰イオンの物質量の和に比例して凝固点が下がる。

② スクロースの水溶液は、純水よりも水分子が蒸発しやすい。

③ コロイド溶液と純水をセロハン膜で隔てると、コロイド溶液の濃度は徐々に低くなる。

④ 食塩水は、気圧が $1.013×10^5$ Pa では100℃よりも高い温度で沸騰する。 (00 センター本試 改)

解説

① **正** 溶液の凝固点は溶媒の凝固点よりも低くなる（**凝固点降下**）。

② **誤** 溶液では、溶質粒子の数だけ液体表面の溶媒分子が少なくなるため、純水よりも水分子が蒸発しにくくなる（**蒸気圧降下**）。

③ **正** セロハン膜(半透膜)は水分子は透過させるが、コロイド粒子は透過させにくい。そのため、水分子がコロイド溶液側に**浸透**しその濃度は徐々に低くなる。

④ **正** 溶液の沸点は溶媒の沸点よりも高くなる（**沸点上昇**）。

● CHECK POINT

希薄溶液の性質として、蒸気圧降下・沸点上昇や凝固点降下、浸透圧をおさえておく。

また、これらの性質は溶質粒子の種類ではなく粒子数によって決まるため、電解質か非電解質の判断も必要となる。

解答 ②

必修例題 ⑤ コロイド

関連問題 ⇒ 70・71

コロイドに関連する記述として下線部に**誤りを含むもの**を、次の①〜⑤のうちから一つ選べ。

① 少量の電解質を加えると、疎水コロイドの粒子が集合して沈殿する現象を、<u>凝析という</u>。

② コロイド溶液に強い光線をあてると光の通路が明るく見える現象を、<u>チンダル現象という</u>。

③ コロイド溶液に直流電圧をかけたとき、電荷をもったコロイド粒子が移動する現象を、<u>電気泳動という</u>。

④ 半透膜を用いてコロイド粒子と小さい分子を分離する操作を、<u>透析という</u>。

⑤ 流動性のないコロイドを、<u>ゾルという</u>。 (15 センター本試)

解説

① **正** 少量の電解質によって、疎水コロイドの粒子が沈殿する現象を凝析という。加える電解質は、価数が大きくコロイド粒子と反対の電荷をもつほど、コロイド粒子を沈殿させやすい。

② **正** コロイド溶液に強い光をあてると、その光の通路が明るく見える（**チンダル現象**）。

③ **正** コロイド粒子は正または負の電荷をもっており、コロイド溶液に直流電圧をかけるとコロイド粒子が移動する（**電気泳動**）。

④ **正** コロイド粒子は半透膜を透過できないが、それよりも小さい分子は透過できるため、コロイド粒子と小さい分子を分離することができる（**透析**）。

⑤ **誤** コロイド溶液のことを**ゾル**といい、その溶液が加熱などによって流動性を失った状態を**ゲル**という。

● CHECK POINT

コロイド粒子とは $10^{-9} 〜 10^{-7}$ m の大きさの粒子のことである。コロイド溶液が示す現象名とその内容を理解しておくこと。

解答 ⑤

必修問題

59 ☆☆☆ 溶解の仕組み **2分** 次の化合物 **a ～ e** について、下の問い（**ア・イ**）に答えよ。

a ショ糖（スクロース） **b** エタノール **c** ベンゼン **d** グリセリン **e** ヘキサン

ア 水にほとんど溶けないものの組合せとして最も適当なものを、次の①～⑥のうちから一つ選べ。

① **a・c** ② **a・d** ③ **b・d** ④ **b・e** ⑤ **c・d** ⑥ **c・e**

イ **a ～ e** のうちのいくつかの化合物が水によく溶ける理由として最も適当なものを、次の①～④のうちから一つ選べ。

① 電解質である。 ② ヒドロキシ基が存在する。

③ カルボキシ基が存在する。 ④ 炭化水素基が存在する。 (04 センター追試)

60 ☆☆☆ 固体の溶解度 **3分** 図は物質 **A** と物質 **B** の溶解度曲線を示している。**A** を140gと **B** を20g含む混合物を温度 T_H の水100gに加えて十分にかきまぜた後、温度を T_H に保ったままでろ過した。ろ液を温度 T_L まで冷却したとき、**A** と **B** はそれぞれ何g析出するか。最も適当な組合せを、下の①～⑥のうちから一つ選べ。ただし、**A** と **B** は互いの溶解度に影響せず、いずれも水和水（結晶水）をもたない物質とする。

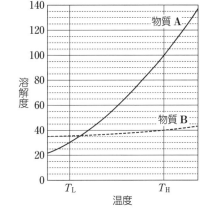

(15 センター追試)

	①	②	③	④	⑤	⑥
物質 **A** の析出量〔g〕	140	110	100	70	70	40
物質 **B** の析出量〔g〕	20	0	20	5	0	0

61 ☆☆ 冷却と蒸発による析出 **4分** 図は、硝酸カリウムの溶解度（水100gに溶ける溶質の最大質量〔g〕の数値）と温度の関係を示す。55gの硝酸カリウムを含む60℃の飽和水溶液をつくった。この水溶液の温度を上げて、水の一部を蒸発させたのち、20℃まで冷却したところ、硝酸カリウム41gが析出した。蒸発した水の質量〔g〕はいくらか。最も適当な数値を、下の①～⑤のうちから一つ選べ。

① 3 ② 6 ③ 9 ④ 12 ⑤ 14

(04 センター本試)

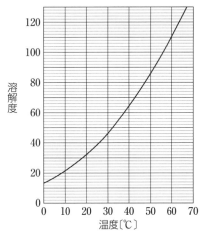

62 ☆ 結晶水を含む物質の析出 **4分** ある濃度の硫酸銅（Ⅱ）水溶液205gを、60℃から20℃に冷却したところ、25gの $CuSO_4 \cdot 5H_2O$（式量 250）の結晶が得られた。もとの水溶液に含まれていた $CuSO_4$（式量 160）の質量は何gか。最も適当な値を、次の①～⑤のうちから一つ選べ。ただし、$CuSO_4$（無水塩）は、水100gあたり、60℃で40g、20℃で20gまで溶ける。

① 32 ② 46 ③ 48 ④ 53 ⑤ 80

(95 センター追試)

☑ **63** ☆☆☆ **ヘンリーの法則** -2分- 温度一定で、圧力を変えて、一定量の水に溶解する窒素の量を調べた。次のグラフに、窒素の圧力（横軸）と、溶解した窒素の量（縦軸）の関係を示す。次の問い（**a・b**）に答えよ。

a 溶解した窒素の量を物質量で示すグラフとして、最も適当なものを次の①～④のうちから一つ選べ。

b 溶解した窒素の量をそのときの圧力における体積で示すグラフとして、最も適当なものを次の①～④のうちから一つ選べ。

 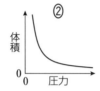 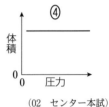

（02　センター本試）

☑ **64** ☆☆☆ **気体の溶解度** -3分- 0℃、$1.0×10^5$ Pa で、ある液体**A** 1.0L に溶けるヘリウムと酸素の体積は、それぞれ 9.7mL、48mL である。体積比 4：1 のヘリウムと酸素からなる十分な量の混合気体を、0℃、$1.0×10^5$ Pa のもとで、液体**A** 5.0L に十分長い時間接触させた。このとき液体**A** 5.0L に溶解したヘリウムの体積は、0℃、$1.0×10^5$ Pa で何 mL か。最も適当な数値を、次の①～⑤のうちから一つ選べ。ただし、ヘリウムと酸素の溶解度は互いに影響せず、気体が溶解した後も、混合気体の圧力と組成は変わらないものとする。また、ヘリウムと酸素は液体**A**と反応しない。

① 9.7　② 39　③ 49　④ 195　⑤ 240

（16　センター追試　改）

☑ **65** ☆☆ **沸点上昇** -3分- 純水、グルコース水溶液、ある電解質水溶液があり、これらの沸点付近の蒸気圧は図のようになった。このとき、沸点の差 Δt_2 は Δt_1 の 2 倍であった。この電解質として最も適当なものを次の①～④のうちから一つ選べ。ただし、水溶液は同じ質量モル濃度で、電解質は完全に電離しているものとする。

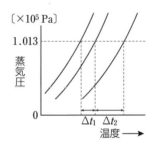

① NaCl　② $Mg(NO_3)_2$　③ $FeCl_3$　④ $Al_2(SO_4)_3$

☑ **66** ☆☆ **凝固点降下** -3分- モル質量 Mg/mol の非電解質の化合物 xg を溶媒 10mL に溶かした希薄溶液の凝固点は、純溶媒の凝固点より ΔtK 低下した。この溶媒のモル凝固点降下が K_fK・kg/mol のとき、溶媒の密度 dg/cm³ を表す式として最も適当なものを、次の①～⑥のうちから一つ選べ。ただし、この問題ではMなどの記号は、数値のみを表すものとする。

① $\dfrac{M\Delta t}{100xK_f}$ 　② $\dfrac{100xK_f}{M\Delta t}$ 　③ $\dfrac{100K_fM}{x\Delta t}$ 　④ $\dfrac{x\Delta t}{100K_fM}$ 　⑤ $\dfrac{10000xK_f}{M\Delta t}$ 　⑥ $\dfrac{M\Delta t}{10000xK_f}$

（17　センター本試　改）

☑ **67** ☆☆☆ **凝固点降下** -1分- 純水 1kg に溶質 0.1mol を溶かした水溶液を冷却したとき、凝固点降下が最も大きくなる溶質を、次の①～⑤のうちから一つ選べ。ただし、電解質の電離度は 1 とする。

① 酢酸ナトリウム　② 塩化カリウム　③ 塩化マグネシウム
④ グリセリン　⑤ グルコース

（15　センター追試）

68 浸透圧 2分 次の文章中の空欄 ア ・ イ に入れる語句の組合せとして最も適当なものを、以下の①〜④のうちから一つ選べ。

水分子は通すがスクロース（ショ糖）分子は通さない半透膜を中央に固定したU字管がある。**A**側に水を、**B**側にスクロース水溶液を、両方の液面の高さが同じになるように入れた。十分な時間をおくと液面の高さに h の差が生じ、 ア の液面が高くなった。次に**A**側と**B**側の両方に、それぞれ体積 V の水を加え、放置したところ、液面の差は h より小さくなった。ここで**A**側から体積 $2V$ の水をとり除き、十分な時間放置したところ、液面の差は イ 。ただし、**A**側から体積 $2V$ の水をとり除いたときも、**A**側の液面はU字管の垂直部分にあるものとする。また、水の蒸発はないものとする。

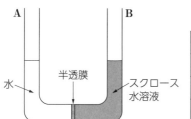

	ア	イ
①	A側	なくなった
②	A側	h にもどった
③	B側	なくなった
④	B側	h にもどった

(01 センター本試)

69 浸透圧を用いた分子量測定 3分 高分子化合物の平均分子量は、その希薄水溶液の浸透圧から求めることができる。いま、ポリビニルアルコール（繰り返し単位の式量 44）0.50gを水に溶解させて50mLとした希薄水溶液の浸透圧は、27℃で $8.3×10^2$ Pa であった。このポリビニルアルコールの平均重合度として最も適当な数値を、次の①〜⑥のうちから一つ選べ。ただし、気体定数は $R=8.3×10^3$ Pa・L/(K・mol)とする。

① $6.2×10^2$ ② $6.8×10^2$ ③ $6.2×10^3$ ④ $6.8×10^3$ ⑤ $6.2×10^4$ ⑥ $6.8×10^4$

(16 センター追試)

70 コロイドの性質 2分 沸騰水に塩化鉄（Ⅲ）水溶液を加えると、赤褐色の水酸化鉄（Ⅲ）のコロイド溶液が得られる。この溶液に関する次の記述①〜⑤のうちから、正しいものを一つ選べ。

① 溶液中のコロイド粒子は、電気的に中性な分子の集まりなので、電気泳動はおこらない。

② 溶液中のコロイド粒子が行うブラウン運動は、コロイド粒子どうしが不規則に衝突しておこる現象であり、溶媒分子はまったく関与しない。

③ 溶液に細い光線をあてると、光が散乱されるため、溶液全体が光って見える。

④ 溶液をセロハンの袋に入れ、純水を満たしたビーカーにしばらく浸しておく。その袋を取り出したのち、ビーカーの中に硝酸銀水溶液を加えると、白色沈殿が生じる。

⑤ コロイド粒子を凝析させるのに必要な電解質の量は、電解質の種類に関係しない。

(97 センター追試)

71 コロイドの性質 2分 あるコロイド水溶液に、硫酸カリウムあるいは硝酸カリウムを少量加えたところ、沈殿が生じた。このとき、沈殿の生成に必要な塩の最小モル濃度は、硫酸カリウムのほうが硝酸カリウムより低かった。次の記述①〜⑤のうちから正しいものを一つ選べ。

① この溶液は正の電荷をもつコロイド溶液である。

② この溶液中で沈殿が生じる現象を塩析という。

③ この溶液は親水コロイド溶液である。

④ この溶液は保護コロイド溶液である。

⑤ 硫酸カリウムの最小モル濃度が硝酸カリウムと比べて低いのは、硫酸カリウムの式量のほうが大きいからである。

(94 センター追試)

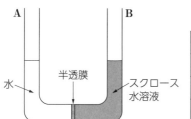

活用問題

72 **蒸気圧降下** ⟨4分⟩　不揮発性の溶質が溶けた希薄溶液では、その蒸気圧は同温の純溶媒に比べて低くなる。この現象を蒸気圧降下という。この現象がおこるのは、不揮発性の溶質が溶けた希薄溶液の蒸気圧は溶液中の溶媒のモル分率に比例するためである。例えば、ある温度において純溶媒の蒸気圧を p_0〔Pa〕とすると、n_A〔mol〕の溶媒に溶質が n_B〔mol〕溶けている溶液の蒸気圧 p〔Pa〕は次のように表すことができる。

$$p = \frac{n_A}{n_A + n_B} p_0$$

これらの情報をもとに次の文章を読み、下の問い（**a**・**b**）に答えよ。ただし、25℃における水の蒸気圧を P〔Pa〕、水の密度は 1.0 g/mL とし、電解質は水溶液中で完全に電離しているものとする。

図のように空気を除いて密閉した容器を用意し、A 側に 180 mL の水に 0.10 mol の塩化カルシウムを溶解した水溶液を、B 側に 180 mL の水に 0.10 mol のショ糖を溶解した水溶液を入れ、室温（25℃）で平衡に達するまで放置した。その結果、蒸気圧の　**ア**　側から蒸気圧の　**イ**　側へ水が移動するため、　**ウ**　側の液量が減少し、　**エ**　側の液量が増加していた。この平衡状態では両者の蒸気圧が等しくなる。

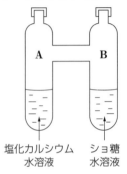

塩化カルシウム　ショ糖
水溶液　　　　　水溶液

a　文章中の　**ア**　～　**エ**　にあてはまる語句の組合せとして正しいものを次の①～④のうちから一つ選べ。

	ア	イ	ウ	エ		ア	イ	ウ	エ
①	高い	低い	A	B	③	低い	高い	A	B
②	高い	低い	B	A	④	低い	高い	B	A

b　移動した水の体積〔mL〕として最も適当な数値を次の①～⑤のうちから一つ選べ。ただし、容器中に水蒸気として存在する水の量は無視できるものとする。

①　50　　②　60　　③　70　　④　80　　⑤　90

73 **逆浸透** ⟨4分⟩　海水は塩分濃度が高く、飲料水には適さないが、半透膜を利用する淡水化によって飲料水とすることができる。海水の淡水化を大気圧下、温度 300 K のもとで次のように行った。

溶質粒子のモル濃度（すべてのイオンの濃度の総和）が 1.0 mol/L の海水 1000 mL を、水分子だけが通過できる半透膜で仕切られた U 字管の片側に入れ、反対側には純水を入れた（**図1**）。次に、海水面に圧力を加えて水を半透膜を通して移動させたところ、海水と純水の容量が共に 700 mL になり、液面の高さが同じになった（**図2**）。

海水と純水の密度を 1.0 g/mL として、液面の高さが同じ状態を維持するために海水面に加える圧力〔Pa〕として最も適当な数値を、次の①～⑤のうちから一つ選べ。ただし、気体定数は $R = 8.3 \times 10^3$ Pa·L/(K·mol) とする。

①　2.5×10^6　　②　2.8×10^6　　③　3.0×10^6

④　3.3×10^6　　⑤　3.6×10^6

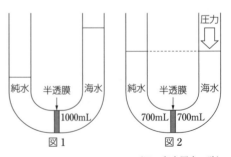

図1　　　　図2

（16　名古屋大　改）

74 凝固点の測定 ・5分・ シクロヘキサン 15.80 g にナフタレン 30.0 mg を加えて完全に溶かした。その溶液を氷水で冷却し、よくかき混ぜながら溶液の温度を 1 分ごとに測定したところ、表 1 のようになった。下の問い（**a**・**b**）に答えよ。必要があれば、表 2 の数値と方眼紙を使うこと。

表1

時間〔分〕	3	4	5	6	7	8	9	10	11	12	13	14	15
温度〔℃〕	6.89	6.58	6.30	6.08	6.18	6.19	6.18	6.17	6.16	6.15	6.14	6.12	6.11

a この溶液の凝固点を求めると何℃になるか。最も適当な数値を、次の①〜④のうちから一つ選べ。

① 6.08 ② 6.19 ③ 6.22 ④ 6.28

b **a** で選んだ溶液の凝固点を用いて、シクロヘキサンのモル凝固点降下を求めると、何 K・kg/mol になるか。有効数字 2 桁で次の形式で表すとき、 □ 1 ～ □ 3 にあてはまる数字を下の①〜⓪のうちから一つずつ選べ。ただし、同じものを繰り返し選んでもよい。

□ 1 ． □ 2 ×10□ 3 K・kg/mol

① 1 ② 2 ③ 3 ④ 4 ⑤ 5 ⑥ 6 ⑦ 7 ⑧ 8 ⑨ 9 ⓪ 0

表2

	シクロヘキサン	ナフタレン
分子量	84.2	128
融点〔℃〕	6.52	80.5

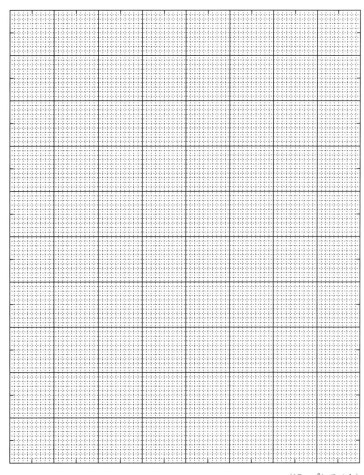

（17 プレテスト）

第Ⅰ章 物質の状態

33

4 物質とエネルギー

1 化学反応とエンタルピー変化

①化学反応と熱 熱を放出する反応を(^{ア} 　　　)反応、吸収する反応を(^{イ} 　　　)反応という。

エンタルピーH…圧力一定で物質のもつエネルギーを表す量。Q〔kJ〕の発熱を観測したとき、反応前後のエンタルピーの変化量(エンタルピー変化 ΔH)との間に、次の関係が成り立つ。　　$\Delta H = -Q$

②エンタルピー変化の表し方 化学反応式に、ΔH を添えて表される。また、化学式の後ろに、同素体が存在する場合は物質名や、状態(固・液・気)を書き添える。

反応エンタルピー…化学反応におけるエンタルピー変化。単位は kJ/mol。

(例) 黒鉛の燃焼エンタルピー -394 kJ/mol　C(黒鉛)$+O_2$(気)$\longrightarrow CO_2$(気)　$\Delta H = -394$ kJ(発熱反応)
　　 水の蒸発エンタルピー $+41$ kJ/mol　　　 H_2O(液)$\longrightarrow H_2O$(気)　　$\Delta H = +41$ kJ　　　(吸熱反応)

反応エンタルピーの種類	定義
(^{ウ} 　　　)エンタルピー	物質 1 mol が完全燃焼するときのエンタルピー変化。
(^{エ} 　　　)エンタルピー	化合物 1 mol が成分元素の単体から生成するときのエンタルピー変化。
(^{オ} 　　　)エンタルピー	物質 1 mol が多量の溶媒(水)に溶解するときのエンタルピー変化。
(^{カ} 　　　)エンタルピー	酸と塩基が中和して水 1 mol を生じるときのエンタルピー変化。

③状態変化におけるエンタルピー変化 物質 1 mol が状態変化するときのエンタルピー変化。物質のもつエネルギー(エンタルピー)は必ず気体>液体>固体。

④熱量の測定 熱量 q〔J〕＝質量 m〔g〕×比熱 c〔J/(g·K)〕×温度変化 Δt〔K〕

2 ヘスの法則

①(^{キ} 　　　)の法則 反応の最初と最後が定まれば、全体のエンタルピー変化は反応の経路によらず、一定である。

②生成エンタルピーと反応エンタルピーの関係

反応エンタルピー＝((^{ケ} 　　　)の生成エンタルピーの総和)
　　　　　　　　－((^{コ} 　　　)の生成エンタルピーの総和)

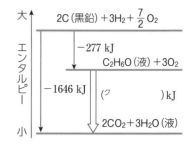

3 結合エネルギー

結合エネルギー…気体の分子内の共有結合 1 mol を切断するのに(^{サ} 　　　)なエネルギー。

結合エネルギーと反応エンタルピーの関係

反応エンタルピー＝((^{シ} 　　　)の結合エネルギーの総和)
　　　　　　　　－((^{ス} 　　　)の結合エネルギーの総和)

4 化学反応と光

化学発光…化学反応に伴い光が放出される現象。(例) ルミノール反応、ホタルの発光など。

光化学反応…物質が光を吸収して起きる化学反応。(例) 光合成や、塩化銀が示す感光性など。

解答
(ア) 発熱　(イ) 吸熱　(ウ) 燃焼　(エ) 生成
(オ) 溶解　(カ) 中和　(キ) ヘス　(ク) -1369
(ケ) 生成物　(コ) 反応物　(サ) 必要
(シ) 反応物　(ス) 生成物

共通テスト攻略の Point！

ΔH と熱量との関係をおさえ、発熱反応か吸熱反応かに注意する。ヘスの法則を利用して反応エンタルピーを求める問題や、熱量の測定の問題に慣れておく。

必修例題 ⑥ 反応で生じた熱と物質の温度変化

関連問題 ➡ 78

プロパンの完全燃焼により 10L の水の温度を22℃上昇させた。この加熱に必要なプロパンの体積は、0℃、$1.013×10^5$ Pa で何 L か。最も適当な数値を、次の①～⑥のうちから一つ選べ。ただし、水の密度と比熱はそれぞれ $1.0 g/cm^3$、$4.2 J/(g·K)$ とする。また、プロパンの燃焼エンタルピーは $-2200 kJ/mol$ で、燃焼によって発生した熱はすべて水の温度上昇に使われたものとする。

① 0.019   ② 0.42   ③ 0.53   ④ 2.4   ⑤ 9.4   ⑥ 53

（17 センター追試 改）

解説

体積 $10L(=10×10^3 cm^3)$ の水の質量は、**質量〔g〕＝密度〔g/cm³〕×体積〔cm³〕** から、$1.0 g/cm^3×10×10^3 cm^3=1.0×10^4 g$ である。したがって、

$$q=mc\Delta t=1.0×10^4 g×4.2 J/(g·K)×22K=9.24×10^5 J=924 kJ$$

プロパン 1 mol が完全燃焼すると $2200 kJ/mol$ の熱が発生するので、924 kJ を発生させるのに必要なプロパンの物質量は、

$$\frac{924 kJ}{2200 kJ/mol}=0.42 mol$$

したがって、0℃、$1.013×10^5$ Pa におけるプロパンの体積は、

$$22.4 L/mol×0.42 mol=9.40 L \quad \textbf{9.4 L}$$

● CHECK POINT

物質の温度変化の問題では、$q=mc\Delta t$ の関係を利用する。反応エンタルピーの単位は kJ/mol、比熱の単位は $J/(g·K)$ であるため、kJ または J にそろえて計算すること。

解答 ⑤

必修例題 ⑦ ヘスの法則

関連問題 ➡ 81

植物の光合成には二酸化炭素と水からグルコース $C_6H_{12}O_6$ をつくり、酸素を放出する反応がある。この反応は(1)式のように表すことができる。(1)式の x〔kJ〕は、(2)～(4)式を用いて計算すると、何 kJ になるか。最も適当な数値を、下の①～⑥のうちから一つ選べ。

$$6CO_2(気) + 6H_2O(液) \longrightarrow C_6H_{12}O_6(固) + 6O_2(気) \quad \Delta H=x〔kJ〕 \quad …(1)$$
$$6C(黒鉛) + 6H_2(気) + 3O_2(気) \longrightarrow C_6H_{12}O_6(固) \quad \Delta H=-1273 kJ \quad …(2)$$
$$C(黒鉛) + O_2(気) \longrightarrow CO_2(気) \quad \Delta H=-394 kJ \quad …(3)$$
$$H_2(気) + \frac{1}{2}O_2(気) \longrightarrow H_2O(液) \quad \Delta H=-286 kJ \quad …(4)$$

① -4080 ② -2807 ③ -593 ④ $+593$ ⑤ $+2807$ ⑥ $+4080$

（11 センター本試 改）

解説

ヘスの法則を利用して、(2)～(4)式から、(1)式を組み立てると x〔kJ〕を求めることができる。(2)式×1－(3)式×6－(4)式×6 から、

$$6CO_2(気)+6H_2O(液) \longrightarrow C_6H_{12}O_6(固)+6O_2(気)$$
$$x=-1273 kJ-(-394 kJ×6-286 kJ×6)=\textbf{+2807 kJ}$$

別のアプローチ (1)～(4)式は右のエネルギー図で表される。したがって、

$$x=(-286 kJ×6)×(-1)$$
$$+(-394 kJ×6)×(-1)-1273 kJ$$
$$=\textbf{+2807 kJ}$$

● CHECK POINT

未知の反応エンタルピーを含む式は、ヘスの法則を利用して他の式から組み立てることができる。

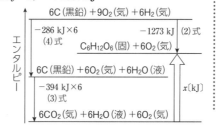

解答 ⑤

✓ **75** ☆☆☆ **反応エンタルピーの定義** 1分 化学反応や状態変化に伴うエンタルピー変化に関する記述として誤っているものを、次の①〜⑤のうちから一つ選べ。

① 燃焼エンタルピーは、物質1molが完全燃焼するときのエンタルピー変化である。

② 生成エンタルピーは、物質1molがその成分元素の単体から生成するときのエンタルピー変化である。

③ 中和エンタルピーは、H^+とOH^-が反応して水1molが生じるときのエンタルピー変化である。

④ 蒸発エンタルピーは、物質が蒸発するときのエンタルピー変化であり、負の値である。

⑤ 融解エンタルピーは、物質が融解するときのエンタルピー変化であり、正の値である。

(13 センター追試 改)

✓ **76** ☆☆☆ **発熱反応と吸熱反応** 1分 化学反応や物質の状態の変化において、発熱の場合も吸熱の場合もあるものはどれか。最も適当なものを、次の①〜④のうちから一つ選べ。

① 炭化水素が酸素の中で完全燃焼するとき。

② 強酸の希薄水溶液に強塩基の希薄水溶液を加えて中和するとき。

③ 電解質が多量の水に溶解するとき。

④ 常圧で純物質の液体が凝固して固体になるとき。

(22 共通テスト本試)

✓ **77** ☆☆ **燃焼エンタルピーと物質量比** 3分 次に示す4種類の気体ア〜エをそれぞれ完全燃焼させ、同じ熱量を発生させた。このとき、発生した二酸化炭素の物質量が多い順に気体を並べたものはどれか。最も適当なものを、下の①〜⑧のうちから一つ選べ。ただし、メタン、エタン、エチレン(エテン)、プロパンの燃焼エンタルピーは、それぞれ $-890\,kJ/mol$、$-1560\,kJ/mol$、$-1410\,kJ/mol$、$-2220\,kJ/mol$である。

ア メタン　イ エタン　ウ エチレン(エテン)　エ プロパン

① ア>イ>ウ>エ　② ア>イ>エ>ウ　③ ア>ウ>イ>エ
④ ア>エ>イ>ウ　⑤ ウ>イ>エ>ア　⑥ ウ>エ>イ>ア
⑦ エ>イ>ウ>ア　⑧ エ>ウ>イ>ア

(16 センター本試 改)

✓ **78** ☆☆☆ **燃焼エンタルピーと水の温度変化** 3分 メタンとプロパンを1:2の体積比で混合した気体が0.020molある。この混合気体を完全燃焼させ、発生する熱で1000gの水を加熱するとき、水の温度は何℃上昇するか。最も適当な数値を、次の①〜⑥のうちから一つ選べ。ただし、発生する熱はすべて水の温度上昇に使われるものとし、メタンとプロパンの燃焼エンタルピーはそれぞれ $-891\,kJ/mol$ と $-2220\,kJ/mol$ とする。また、水1gの温度を1℃上昇させるのに必要な熱量は4.2Jとする。

① 4.9　② 6.4　③ 8.5　④ 14　⑤ 19　⑥ 25　(15 センター追試 改)

79 中和エンタルピーと温度上昇 4分

発泡ポリスチレン容器に $0.50\,\mathrm{mol/L}$ の水酸化ナトリウム水溶液 $100\,\mathrm{mL}$ を入れ、$25\,℃$（室温）に保った。そこへ、同じ温度の $0.50\,\mathrm{mol/L}$ の塩酸 $100\,\mathrm{mL}$ を一度に加えてかき混ぜ続けた。混合した時刻を 0 として横軸に時間、縦軸に水溶液の温度をとってグラフに表した。温度の変化から中和エンタルピーを計算したところ、$-57\,\mathrm{kJ/mol}$ であった。温度変化を表すグラフとして最も適当なものを、次の①〜⑥のうちから一つ選べ。ただし、この水溶液 $1.0\,\mathrm{g}$ の温度を $1.0\,℃$ 上げるのに必要な熱量は $4.2\,\mathrm{J}$、水溶液の密度は $1.0\,\mathrm{g/cm^3}$ とする。

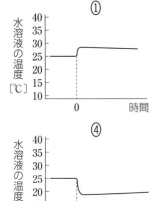
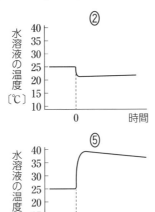
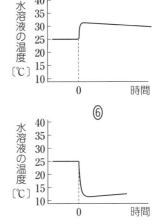

(00 センター追試 改)

80 融解エンタルピー 2分

分子結晶をつくっている純物質Aの固体 $w\,〔\mathrm{g}〕$ を、圧力一定のもとで一様に加熱したところ、Aは液体状態を経てすべて気体状態に変化した。右図は、このときの、加えた熱量とAの温度との関係を示したグラフである。Aの融解エンタルピーが $H\,〔\mathrm{J/mol}〕$ であるとき、Aのモル質量は何 $\mathrm{g/mol}$ か。モル質量を求める式として最も適当なものを、下の①〜⑤のうちから一つ選べ。

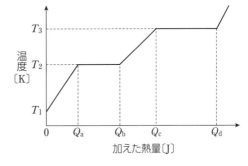

① $\dfrac{wH}{Q_\mathrm{a}}$　　② $\dfrac{wH}{Q_\mathrm{b}-Q_\mathrm{a}}$　　③ $\dfrac{wH}{Q_\mathrm{c}-Q_\mathrm{b}}$　　④ $\dfrac{wH}{Q_\mathrm{d}-Q_\mathrm{c}}$　　⑤ $\dfrac{wHT_2}{Q_\mathrm{a}(T_2-T_1)}$

(18 センター追試 改)

81 物質のもつエネルギー 3分

次の3つの式を利用すると、炭素の同素体について、物質のもつエネルギー（化学エネルギー）を比較することができる。同じ質量の黒鉛、ダイヤモンド、フラーレン C_{60} について、物質のもつエネルギーが小さいものから順に正しく並べられたものを、下の①〜⑥のうちから一つ選べ。

$$C（ダイヤモンド）+ O_2（気）\longrightarrow CO_2（気）\quad \Delta H=-396\,\mathrm{kJ}$$
$$C_{60}（フラーレン）+ 60O_2（気）\longrightarrow 60CO_2（気）\quad \Delta H=-25930\,\mathrm{kJ}$$
$$C（黒鉛）\longrightarrow C（ダイヤモンド）\quad \Delta H=+2\,\mathrm{kJ}$$

① 黒鉛＜ダイヤモンド＜フラーレン C_{60}　　② 黒鉛＜フラーレン C_{60}＜ダイヤモンド

③ ダイヤモンド＜黒鉛＜フラーレン C_{60}　　④ ダイヤモンド＜フラーレン C_{60}＜黒鉛

⑤ フラーレン C_{60}＜黒鉛＜ダイヤモンド　　⑥ フラーレン C_{60}＜ダイヤモンド＜黒鉛

(17 プレテスト 改)

82 溶解エンタルピーと中和エンタルピー **4分** 次の**A**～**C**を用いて、水酸化カリウムの水への溶解

エンタルピーを求めるといくらになるか。最も適当な数値を、下の①～⑥のうちから一つ選べ。

A	塩化水素1molを含む希塩酸に、水酸化カリウム1molを含む希薄水溶液を加えて反応させたときの反応エンタルピー	−56 kJ
B	硫酸1molを水に加えて希硫酸とし、それに固体の水酸化カリウムを加えてちょうど中和させたときの合計の反応エンタルピー	−323 kJ
C	硫酸の水への溶解エンタルピー	−95 kJ/mol

① −116　② −86　③ −58　④ 58　⑤ 86　⑥ 116　　(10 センター本試 改)

83 結合エネルギー **2分** NH₃(気)1mol中のN−H結合をすべて切断するのに必要なエネルギーは

何kJか。最も適当な数値を、下の①～⑥のうちから一つ選べ。ただし、H−H、N≡Nの結合エネルギーはそれぞれ436 kJ/mol、945 kJ/mol、NH₃(気)の生成エンタルピーは次の式で表されるものとする。

$$\frac{3}{2}H_2(気) + \frac{1}{2}N_2(気) \longrightarrow NH_3(気) \qquad \Delta H = -46\,kJ$$

① 360　② 391　③ 1080　④ 1170　⑤ 2160　⑥ 2350　　(17 センター本試 改)

84 反応エンタルピーと結合エネルギー **3分** 図は、構造式H−O−O−Hで示される過酸化水素

H_2O_2 1molが水素 H_2 と酸素 O_2 から生成する反応に関するエネルギーの関係を示している。ここで、図中の**ア**、**イ**はこの反応における反応物あるいは生成物である。**ア**、**イ**にあてはまる物質、および H_2O_2(気)中のO−H結合1molあたりの結合エネルギーの数値の組合せとして最も適当なものを、①～⑥のうちから一つ選べ。ただし、H_2O_2(気)の生成エンタルピーは −136 kJ/mol、H_2(気)の結合エネルギーは436 kJ/mol、O_2(気)の結合エネルギーは498 kJ/mol、H_2O_2(気)中のO−Oの結合エネルギーは144 kJ/molとする。

	ア	イ	H_2O_2(気)中のO−Hの結合エネルギー〔kJ/mol〕
①	H_2O_2(気)	H_2(気)+O_2(気)	327
②	H_2O_2(気)	H_2(気)+O_2(気)	463
③	H_2O_2(気)	H_2(気)+O_2(気)	926
④	H_2(気)+O_2(気)	H_2O_2(気)	327
⑤	H_2(気)+O_2(気)	H_2O_2(気)	463
⑥	H_2(気)+O_2(気)	H_2O_2(気)	926

(左図：大─小のエンタルピー軸、上から「2H(気)+2O(気)」、「ア」、「イ」)

(19 センター本試 改)

85 化学エネルギー **2分** 物質の変化とエネルギーに関する記述として**誤りを含むもの**を、次の①～

⑤のうちから一つ選べ。

① 光合成では、光エネルギーを利用して二酸化炭素と水からグルコースが合成される。

② 化学電池は、化学エネルギーを電気エネルギーに変えるものである。

③ 発熱反応では、正反応の活性化エネルギーより、逆反応の活性化エネルギーが小さい。

④ 吸熱反応では、反応物の生成エンタルピーの総和の絶対値が生成物の生成エンタルピーの総和の絶対値より大きい。

⑤ 化学反応によって発生するエネルギーの一部が、光として放出されることがある。

(16 センター本試 改)

☑ **86 熱量の測定** （4分） ある容器に15℃の水を入れ、そこに固体の水酸化ナトリウム1.0molを加えてすばやく溶解させたところ、水溶液の質量は500gとなり、溶液の温度は図の領域**A**の変化を示した。溶液の温度が30℃まで下がったとき、同じ温度の2.0 mol/L塩酸500mLをすばやく加えたところ、領域**B**の温度変化を示した。図から温度上昇を読み取り、

$$HClaq + NaOH(固) \longrightarrow NaClaq + H_2O$$

の反応で生じた熱量として最も適当な数値を、次の①～⑥のうちから一つ選べ。ただし、塩酸の密度は1.0g/mL、水溶液の比熱は4.2J/(g·K)とする。

① 55　　② 92　　③ 97

④ 139　　⑤ 181　　⑥ 223

（94　センター本試　改）

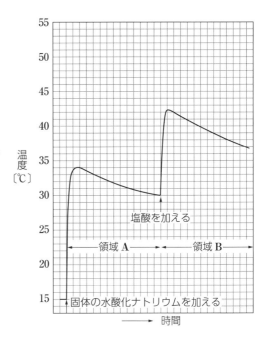

☑ **87 格子エネルギー** （4分） イオン結晶1molを、気体状態のイオンにするのに必要なエネルギーは格子エネルギーとよばれる。例えば、塩化ナトリウムの格子エネルギーは次式で表される。

$$NaCl(固) \longrightarrow Na^+(気)+Cl^-(気) \qquad \Delta H = \boxed{?} kJ$$

イオン結晶は加熱しても完全な気体状態のイオンにすることは難しいため、格子エネルギーを直接測定することは困難である。よって、次に示すいくつかのエンタルピー変化とエネルギー図から、ヘスの法則を利用して求められる。

NaCl(固)の生成エンタルピー　　−411kJ/mol
Na(固)の昇華エンタルピー　　　+92kJ/mol
Cl₂(気)の結合エネルギー　　　　244kJ/mol
Na(気)のイオン化エネルギー　　496kJ/mol
Cl₂(気)の電子親和力　　　　　　349kJ/mol

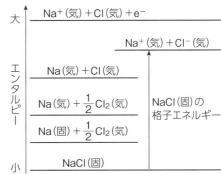

これらの値を用いて塩化ナトリウムの格子エネルギーを求めると何kJ/molとなるか。有効数字2桁で次の形式で表すとき、　1　～　3　にあてはまる数字を下の①～⓪のうちから一つずつ選べ。ただし、同じものを繰り返し選んでもよい。

$$\boxed{1} . \boxed{2} \times 10^{\boxed{3}} \, kJ/mol$$

① 1　② 2　③ 3　④ 4　⑤ 5　⑥ 6　⑦ 7　⑧ 8　⑨ 9　⓪ 0

5 電池・電気分解

1 電池

①**電池** (^{ア}　　　　　)反応を利用して、化学エネルギーを電気エネルギーに変える装置。

電解質水溶液に2種類の金属を浸し、それらを導線で結ぶと、イオン化傾向の大きい金属が (^{イ}　　　　)極、小さい金属が (^{ウ}　　　　)極になる。このとき、負極では (^{エ}　　　　)反応、正極では (^{オ}　　　　)反応がおこる。電流は (^{カ}　　　　)極から (^{キ}　　　　)極に向かって流れ、両極間の電位差(電圧)を (^{ク}　　　　)という。

充電ができる電池を (^{ケ}　　　　)電池または蓄電池という。

負極…e^- を出す極(酸化反応)　　**正極**…e^- が流れ込む極(還元反応)

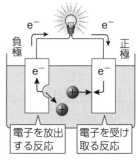

電池のしくみ

②**ダニエル電池** Zn板を (^{コ}　　　　)水溶液に、Cu板を (^{サ}　　　　)水溶液に浸したものを素焼き板などで仕切った電池。起電力は約1.1V。

$\boxed{負極}$ $Zn \longrightarrow$ (^{シ}　　　　)$+2e^-$

$\boxed{正極}$ (^{ス}　　　　)$+2e^- \longrightarrow Cu$

③**鉛蓄電池** 負極活物質に (^{セ}　　　)、正極活物質に (^{ソ}　　　)、電解質水溶液に希硫酸を用いた電池。放電により希硫酸の密度が低下し、両極が (^{タ}　　　　)で覆われてくる。充電で起電力が回復する (^{チ}　　　)電池である。起電力は約2.1V。

$\boxed{負極}$ $Pb+SO_4{}^{2-} \longrightarrow$ (^{ツ}　　　)$+2e^-$

$\boxed{正極}$ (^{テ}　　　)$+4H^++SO_4{}^{2-}+2e^- \longrightarrow$ (^{ト}　　　)$+2H_2O$

$\boxed{全体}$ $Pb+$ (^{ナ}　　)$+2$ (^{ニ}　　　) $\longrightarrow 2PbSO_4+2H_2O$

④**燃料電池** 水素などの燃料と酸素を用いて、化学エネルギーを電気エネルギーに変換する装置。おもなものにリン酸形燃料電池があり、負極活物質に (^{ヌ}　　　)、正極活物質に (^{ネ}　　　)、電解質水溶液に H_3PO_4 水溶液を用いている。

$\boxed{負極}$ (^{ノ}　　　) $\longrightarrow 2H^++2e^-$

$\boxed{正極}$ (^{ハ}　　　)$+4H^++4e^- \longrightarrow 2$ (^{ヒ}　　　)

$\boxed{全体}$ $2H_2+O_2 \longrightarrow 2H_2O$

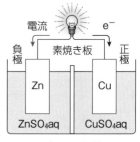

ダニエル電池

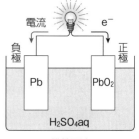

鉛蓄電池

⑤**その他の電池**

ボルタ電池…Zn板とCu板を希硫酸に浸した構造。起電力は約1Vで、すぐに起電力が低下する。

$\boxed{負極}$ $Zn \longrightarrow Zn^{2+}+2e^-$

$\boxed{正極}$ $2H^++2e^- \longrightarrow H_2$

マンガン乾電池…負極活物質に (^{フ}　　　)、正極活物質に (^{ヘ}　　　)、電解質水溶液に $ZnCl_2$ 水溶液と NH_4Cl 水溶液を用いている。電解質水溶液に KOH 水溶液を用いた電池を (^{ホ}　　　)マンガン乾電池という。いずれも起電力は約1.5V。

リチウム電池…負極活物質に Li、正極活物質に MnO_2、電解質に $LiClO_4$、起電力は約3V。

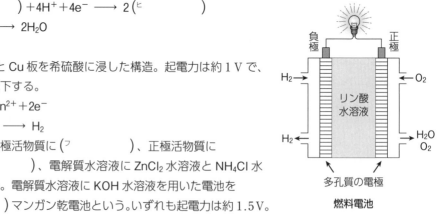

燃料電池

② 電気分解

①水溶液の電気分解　電解質水溶液に電極を入れて直流電流を通じ、電気エネルギーを利用して酸化還元反応をおこす操作。電池の負極に接続した極を (ᵀ　　　　) 極、正極に接続した極を (ᵉ　　　　) 極という。陰極では e^- が流れ込むため (ᴹ　　　　) 反応がおこり、陽極では e^- が流れ出るので (ˣ　　　　) 反応がおこる。

両極での反応

陰極での反応（還元反応）			陽極での反応（酸化反応）		
大 ↑ 還元されやすさ ↓ 小	Ag^+	$Ag^+ + e^- \longrightarrow Ag$	大 ↑ 酸化されやすさ ↓ 小	I^-	$2I^- \longrightarrow I_2 + 2e^-$
	Cu^{2+}	$Cu^{2+} + 2e^- \longrightarrow Cu$		Br^-	$2Br^- \longrightarrow Br_2 + 2e^-$
	H^+	$2H^+ + 2e^- \longrightarrow H_2$		Cl^-	$2Cl^- \longrightarrow Cl_2 + 2e^-$
	H_2O Al^{3+} Mg^{2+} Na^+ Ca^{2+} K^+ Li^+	$2H_2O + 2e^- \longrightarrow H_2 + 2OH^-$ （Li^+〜Al^{3+} は還元されない）		OH^-	$4OH^- \longrightarrow 2H_2O + O_2 + 4e^-$
				H_2O NO_3^- SO_4^{2-}	$2H_2O \longrightarrow O_2 + 4H^+ + 4e^-$ （NO_3^-、SO_4^{2-} は酸化されない）
			陽極が白金、炭素棒以外の場合、電極自身が酸化されて溶解する。 （例）$Cu \longrightarrow Cu^{2+} + 2e^-$　$Ag \longrightarrow Ag^+ + e^-$		

②ファラデーの電気分解の法則

電極で生成するイオンや物質の質量は流れた電気量に (ᵉ　　　　) する。

反応するイオンの物質量はそのイオンの価数に反比例する。

電気量…1アンペアの電流が1秒間流れたときの電気量が1クーロン。

$$電気量〔C〕＝電流〔A〕×時間〔s〕$$

ファラデー定数 F…電子1 mol あたりの電気量の絶対値。(ᵞ　　　　) $\times 10^4$ C/mol

③電気分解の利用

イオン交換膜法…工業的に (ᵁ　　　　　　　) と塩素を NaCl 水溶液から得る方法。陽極側の Na^+ は陽イオン交換膜を通過して陰極側に移動し、Na^+ と OH^- の濃度が大きくなる。

銅の電解精錬…鉱石から不純物を取り除き、銅の純度を高める操作。純銅板を (ᵉ　　　　) 極、粗銅を (ᵉ　　　　) 極として電気分解を行う。粗銅中に含まれる、銅よりもイオン化傾向の小さい金属は、単体のまま沈殿し、この沈殿を (ᵉ　　　　) という。

陰極 $Cu^{2+} + 2e^- \longrightarrow Cu$（還元）　陽極 $Cu \longrightarrow Cu^{2+} + 2e^-$（酸化）

溶融塩電解…イオン化傾向の (ᵉ　　　　) い金属を、その塩や酸化物を融解し、電気分解して得る方法。

解答

（ア）酸化還元　（イ）負　（ウ）正　（エ）酸化　（オ）還元　（カ）正
（キ）負　（ク）起電力　（ケ）二次　（コ）硫酸亜鉛　（サ）硫酸銅（Ⅱ）
（シ）Zn^{2+}　（ス）Cu^{2+}　（セ）鉛　（ソ）酸化鉛（Ⅳ）　（タ）硫酸鉛（Ⅱ）
（チ）二次　（ツ）$PbSO_4$　（テ）PbO_2　（ト）$PbSO_4$　（ナ）PbO_2
（ニ）H_2SO_4　（ヌ）水素　（ネ）酸素　（ノ）H_2　（ハ）O_2　（ヒ）H_2O
（フ）亜鉛　（ヘ）酸化マンガン（Ⅳ）　（ホ）アルカリ　（マ）陰
（ミ）陽　（ム）還元　（メ）酸化　（モ）比例　（ヤ）9.65
（ユ）水酸化ナトリウム　（ヨ）陰　（ラ）陽　（リ）陽極泥　（ル）大き

第Ⅱ章　物質の変化と平衡

鉛蓄電池の構成は、次のように表される。

$$Pb \mid H_2SO_4aq \mid PbO_2$$

この電池の両極を外部回路に接続し、1.0Aの一定電流で965秒間放電させたとき、この放電による負極の質量の変化として最も適当なものを、次の①〜⑥のうちから一つ選べ。ただし、ファラデー定数は96500C/molとする。

①	0.96g 増加	②	0.48g 増加	③	0.32g 増加
④	0.32g 減少	⑤	1.0g 減少	⑥	2.1g 減少

(03 センター追試)

解説 鉛蓄電池が放電すると負極では、次の反応がおこる。

$$Pb + SO_4^{2-} \longrightarrow PbSO_4 + 2e^-$$

反応式から、電子2molが流れると、Pb 1molがPbSO4 1molに変化するので、このとき、負極の質量は96g(SO4相当分)増加する。

放電で流れた電気量は$Q = It$から求められ、ファラデー定数が96500C/molなので、放電によって流れた電子の物質量は、次のように求められる。

$$\frac{流れた電気量〔C〕}{電子1molのもつ電気量〔C/mol〕} = \frac{1.0A \times 965s}{96500C/mol} = 1.0 \times 10^{-2}mol$$

したがって、増加する質量は、$\dfrac{96g}{2mol} \times 1.0 \times 10^{-2}mol = \textbf{0.48g}$

● **CHECK POINT**

電気量〔C〕
=電流〔A〕×時間〔s〕

解答 ②

ある電解質Aの水溶液を、白金電極を用いて電気分解したところ、通じた電気量と両極で生じた物質の物質量との関係が図のようになった。電解質Aとして最も適当なものを、下の①〜⑤のうちから一つ選べ。

①	NaOH	②	Na2SO4	③	KCl
④	CuCl2	⑤	AgNO3		

(16 センター追試)

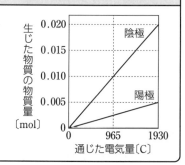

解説 グラフから、同じ電気量が流れたときに、陰極と陽極で生じた物質の物質量の比は、0.020mol：0.005mol＝4：1である。したがって、各電極の反応に着目し、電子1molが流れたときに生じる物質の比が4：1になるものを探せばよい。各水溶液を電気分解したときの両極の反応式は次のようになるので、物質量の比が Ag：O_2＝4：1となる⑤が正解である。

	陰極	陽極
①	$2H_2O + 2e^- \longrightarrow 2OH^- + H_2$	$4OH^- \longrightarrow 2H_2O + O_2 + 4e^-$
②	$2H_2O + 2e^- \longrightarrow 2OH^- + H_2$	$2H_2O \longrightarrow 4H^+ + O_2 + 4e^-$
③	$2H_2O + 2e^- \longrightarrow 2OH^- + H_2$	$2Cl^- \longrightarrow Cl_2 + 2e^-$
④	$Cu^{2+} + 2e^- \longrightarrow Cu$	$2Cl^- \longrightarrow Cl_2 + 2e^-$
⑤	$Ag^+ + e^- \longrightarrow Ag$	$2H_2O \longrightarrow 4H^+ + O_2 + 4e^-$

● **CHECK POINT**

陰極・陽極でそれぞれおこる反応をもとに、生じる物質と物質量の比を考える。

そのためには、陰極・陽極の反応式の電子の係数が同じになるようにし、生じる物質の係数の比を求める。

解答 ⑤

必修問題

88 ☆☆☆ **電池** 1分 電池に関する記述として下線部に**誤りを含むもの**を、次の①～⑤のうちから一つ選べ。

① 導線から電子が流れこむ電極を、電池の<u>正極</u>という。

② 電池の両極間の電位差を<u>起電力</u>という。

③ 充電によって繰り返し使うことのできる電池を、<u>二次電池</u>という。

④ ダニエル電池では、亜鉛よりイオン化傾向が小さい銅の電極が<u>負極となる</u>。

⑤ 鉛蓄電池では、<u>鉛と酸化鉛(Ⅳ)を電極に用いる</u>。

(15 センター追試)

89 ☆☆ **電極の反応** 1分 ある電解質の水溶液に、電極として2種類の金属を浸し、電池とする。この電池に関する次の記述(A～C)について、(**ア**)～(**ウ**)にあてはまる語の組合せとして最も適当なものを、①～⑧のうちから一つ選べ。

A イオン化傾向のより小さい金属が(**ア**)極となる。

B 放電させると(**イ**)極で還元反応がおこる。

C 放電によって電極上で水素が発生する電池では、その電極が(**ウ**)極である。

(10 センター本試)

	ア	イ	ウ
①	正	正	正
②	正	正	負
③	正	負	正
④	正	負	負
⑤	負	正	正
⑥	負	正	負
⑦	負	負	正
⑧	負	負	負

90 ☆☆☆ **ダニエル電池** 2分 図に示すダニエル電池に関する次の記述 a ～ c について、正誤の組合せとして正しいものを、下の①～⑧のうちから一つ選べ。ただし、ファラデー定数は96500C/mol とする。

a 正極では銅(Ⅱ)イオンが還元される。

b 正極と負極の質量の和は常に一定である。

c 0.020mol の亜鉛が反応したとき、発生する電気量の最大値は1930C である。

	a	b	c		a	b	c
①	正	正	正	⑤	誤	正	正
②	正	正	誤	⑥	誤	正	誤
③	正	誤	正	⑦	誤	誤	正
④	正	誤	誤	⑧	誤	誤	誤

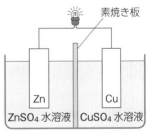

素焼き板

Zn　Cu

ZnSO₄ 水溶液　CuSO₄ 水溶液

(05 センター本試)

91 ☆☆☆ **鉛蓄電池** 2分 ある程度放電した鉛蓄電池を図のように充電したとき、電解液中の硫酸イオンの質量の増加と、電極**A**の質量の変化の関係を表す直線として最も適当なものを、図の①～⑤のうちから一つ選べ。ただし、電極の質量には表面に付着している固体の質量を含める。

(13 センター本試)

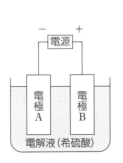

－　＋

電源

電極A　電極B

電解液(希硫酸)

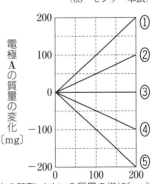

電極**A**の質量の変化〔mg〕

電解液中の硫酸イオンの質量の増加〔mg〕

43

92 ☆☆☆ 燃料電池 **2分**　水素と酸素を用いた燃料電池に関する次の文章を読み、空欄 **a** ～ **c** に
あてはまる語句と数値の組合せとして最も適当なものを、下の①～⑥のうちから一つ選べ。ただし、
ファラデー定数は 9.65×10^4 C/mol とする。

図で示した燃料電池のそれぞれの電極でおこる反応は次のとおりである。

> **a** 極　$H_2 + 2OH^- \longrightarrow 2H_2O + 2e^-$
> **b** 極　$O_2 + 2H_2O + 4e^- \longrightarrow 4OH^-$

この電池で、3.86×10^4 C の電気量を得る場合、消費する酸素の体積は、0℃、1.013×10^5 Pa で
 c L となる。

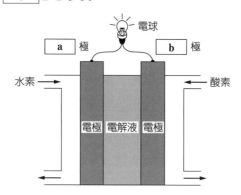

	a	b	c
①	正	負	2.24
②	正	負	4.48
③	正	負	8.96
④	負	正	2.24
⑤	負	正	4.48
⑥	負	正	8.96

(15　センター追試)

93 ☆☆☆ 空気亜鉛電池 **2分**　補聴器に用いられる空気亜鉛電池では、次の式のように正極で空気中の酸素
が取り込まれ、負極の亜鉛が酸化される。

正極　$O_2 + 2H_2O + 4e^- \longrightarrow 4OH^-$
負極　$Zn + 2OH^- \longrightarrow ZnO + H_2O + 2e^-$

この電池を一定電流で7720秒間放電したところ、上の反応により電池の質量は 16.0 mg 増加した。
このとき流れた電流は何 mA か。最も適当な数値を、次の①～④のうちから一つ選べ。ただし、ファ
ラデー定数は 9.65×10^4 C/mol とする。

① 6.25　　　② 12.5　　　③ 25.0　　　④ 50.0　　　(21　共通テスト)

94 ☆☆☆ 電池 **1分**　電池に関する記述として正しいものを、次の①～⑥のうちから一つ選べ。
① ダニエル電池は、希硫酸に亜鉛板と銅板を浸したものである。
② 一次電池は、外部から電流を流して、起電力を回復させることができる。
③ リチウム電池の起電力は、マンガン乾電池の起電力より小さい。
④ マンガン乾電池では、正極に酸化マンガン(Ⅳ)が、負極に炭素が用いられる。
⑤ 電解液としてリン酸水溶液を用いた燃料電池では、正極で水が生成する。
⑥ 太陽電池は、熱エネルギーを電気エネルギーに変換して、起電力を生じる。

(17　センター追試)

95 ☆☆ 電気分解 **2分**　ある1種類の物質を溶かした水溶液を、白金電極を用いて電気分解した。電子が
0.4 mol 流れたとき、両極で発生した気体の物質量の総和は 0.3 mol であった。溶かした物質として
適当なものを、次の①～⑤のうちから二つ選べ。ただし、解答の順序は問わない。

① NaOH　　② $AgNO_3$　　③ $CuSO_4$　　④ H_2SO_4　　⑤ KI

(14　センター本試)

96 直列電解 2分

電解槽Ⅰに硫酸銅（Ⅱ）水溶液、**電解槽Ⅱ**に希硫酸を入れた。さらに、銅電極、白金電極を用いて、図のような装置を組み立てた。一定の電流を1930秒間流して電気分解を行ったところ、**電解槽Ⅰ**の陰極で0.32gの銅が析出した。次の問い（**a・b**）に答えよ。ただし、ファラデー定数は $9.65×10^4$ C/mol とする。

a　流した電流は何Aであったか。最も適当な数値を、次の①〜⑤のうちから一つ選べ。

① 0.25　② 0.50　③ 1.0　④ 2.5　⑤ 5.0

b　**電解槽Ⅰ**の陽極と**電解槽Ⅱ**の陽極で起きた現象の組合せとして最も適当なものを、次の①〜⑥のうちから一つ選べ。

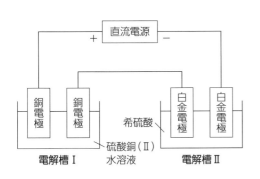

電解槽Ⅰ　硫酸銅（Ⅱ）水溶液　希硫酸　電解槽Ⅱ

	電解槽Ⅰの陽極で起きた現象	電解槽Ⅱの陽極で起きた現象
①	酸素が発生した	二酸化硫黄が発生した
②	酸素が発生した	水素が発生した
③	酸素が発生した	酸素が発生した
④	銅が溶解した	二酸化硫黄が発生した
⑤	銅が溶解した	水素が発生した
⑥	銅が溶解した	酸素が発生した

（15　センター本試）

97 水溶液の電気分解 4分

図の装置を用いて行った次の実験**A**について、下の問い（**a・b**）に答えよ。

A　0.3mol/L の硫酸銅（Ⅱ）$CuSO_4$ 水溶液を入れた容器の中で、2枚の銅板を電極とし、起電力1.5Vの乾電池を用いて一定の電流 I〔A〕を時間 t〔秒〕流したところ、一方の電極上に銅が m〔g〕析出した。

乾電池　電流計　銅板　銅板　硫酸銅（Ⅱ）水溶液

a　実験**A**に関する記述として**誤りを含むもの**を、次の①〜⑤のうちから一つ選べ。

①　電流を流す時間を $2t$〔秒〕にすると、析出する銅の質量は $2m$〔g〕になる。

②　電流を $2I$〔A〕にすると、時間 t〔秒〕の間に析出する銅の質量は $2m$〔g〕になる。

③　陰極では $Cu^{2+}＋2e^- \longrightarrow Cu$ の反応によって銅が析出する。

④　陽極では H_2O が還元されて H_2 が発生する。

⑤　実験の前後で溶液中の SO_4^{2-} の物質量は変化しない。

b　実験**A**から、電子1個がもつ電気量〔C〕を求める式として正しいものを、次の①〜⑥のうちから一つ選べ。ただし、Cuのモル質量を M〔g/mol〕、アボガドロ定数を N_A〔/mol〕とする。

① $-\dfrac{2mtI}{MN_A}$　② $-\dfrac{MtI}{2mN_A}$　③ $-\dfrac{mtI}{MN_A}$　④ $-\dfrac{MtI}{mN_A}$　⑤ $-\dfrac{mtI}{2MN_A}$　⑥ $-\dfrac{2MtI}{mN_A}$

（09　センター本試　改）

第Ⅱ章　物質の変化と平衡

98 硫酸銅(Ⅱ)水溶液の電気分解 ▸2分◂

図に示すように、硫酸銅(Ⅱ) $CuSO_4$ 水溶液の入った電解槽に浸した2枚の白金電極に鉛蓄電池を接続して電気分解を行った。このとき、電極Bと白金電極Cの質量が増加した。電極Bの質量増加量〔g〕と白金電極Cの質量増加量〔g〕の関係を示す直線として最も適当なものを、次の①～⑤のうちから一つ選べ。ただし、電極の質量には表面に付着している固体の質量を含める。

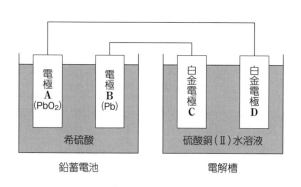

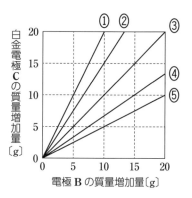

(18　センター追試)

99 塩化ナトリウム水溶液の電気分解 ▸2分◂

図は、水酸化ナトリウムを得るために使用する塩化ナトリウム水溶液の電気分解実験装置を模式的に示したものである。電極の間は、陽イオンだけを通過させる陽イオン交換膜で仕切られている。一定電流を1時間流したところ、陰極側で2.00gの水酸化ナトリウムが生成した。流した電流は何Aであったか。最も適当な数値を、次の①～⑤のうちから一つ選べ。ただし、ファラデー定数は 9.65×10^4 C/mol とする。

① 0.804　② 1.34　③ 8.04
④ 13.4　⑤ 80.4

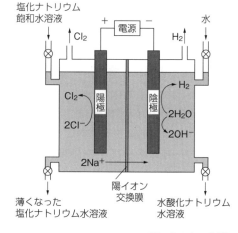

(13　センター本試)

100 銅の電解精錬 ▸3分◂

銅の電解精錬の過程を実験室で再現するために、希硫酸に硫酸銅(Ⅱ)を溶かした溶液 1000mL を電解槽に入れ、不純物を含んだ銅(粗銅)を陽極に、純粋な銅(純銅)を陰極にして電気分解を行った。

直流電流を通じて電気分解したところ、粗銅は 67.14g 減少し、一方、純銅は 66.50g 増加した。また、陽極泥の質量は 0.34g で、溶液中の銅イオンの濃度は 0.0400mol/L だけ減少した。この電気分解で水溶液中に溶け出した不純物の金属の質量は何gか。最も適当な数値を次の①～⑨のうちから一つ選べ。ただし、この電気分解により溶液の体積は変化しないものとする。また、不純物としては金属だけが含まれているものとし、Cuの原子量は63.5とする。

① 0.30　② 0.34　③ 0.64　④ 1.27　⑤ 2.20　⑥ 2.54
⑦ 2.84　⑧ 3.18　⑨ 3.52

(93　センター本試　改)

活用問題

☑ **101** **電気分解** 5分　**電池Ⅰと電池Ⅱ**を電解槽と組合せた図の装置を用いた次の実験について、下の問い(**a**・**b**)に答えよ。

実験　電解槽に1.0mol/Lの硫酸銅(Ⅱ)水溶液1.0Lを入れ、質量5.0gの銅板**A**、**B**をそれぞれ電極とした。まず、スイッチを接点**ア**に接続し、**電池Ⅰ**から0.20Aの一定電流を965秒間、電解槽に流した。続いて、スイッチを直ちに接点**イ**に切り替え、**電池Ⅱ**から0.20Aの一定電流を965秒間、電解槽に流した。なお、電流を一定にするために電流調節器を使用した。

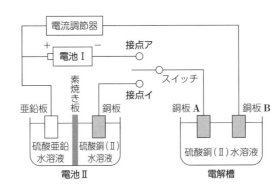

a　この実験に関する記述として正しいものを、次の①～④のうちから一つ選べ。

①　スイッチを接点**ア**に接続したとき、銅板**A**から水素が発生した。

②　スイッチを接点**ア**に接続したとき、銅板**B**の銅が酸化された。

③　スイッチを接点**ア**に接続したとき、電解槽中の銅(Ⅱ)イオンの物質量が減少した。

④　スイッチを接点**イ**に接続したとき、**電池Ⅱ**中の硫酸イオンの物質量が減少した。

b　この実験において、電流を流した時間〔秒〕に対する銅板**B**の質量〔g〕の変化を表すグラフとして最も適当なものを、次の①～⑥のうちから一つ選べ。ただし、ファラデー定数は 9.65×10⁴C/molとする。

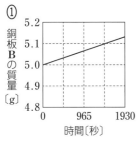
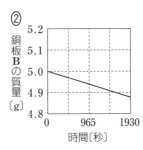
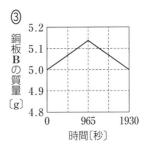
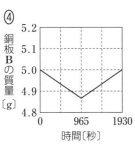
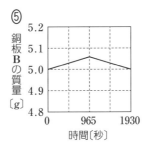
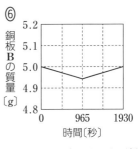

(12　センター追試　改)

6 化学反応の速さ

1 反応速度

①**反応速度** 単位時間あたりの反応物の減少量、または生成物の増加量で表す。

Δt 秒間に濃度が Δc〔mol/L〕変化するとき、反応の速さ v は $|\Delta c/\Delta t|$〔mol/(L·s)〕

〈例〉 A $\longrightarrow$ 2B

右図から、

Aの減少速度 $v_A = \left|\dfrac{\Delta c}{\Delta t}\right| = -\dfrac{(\text{ア} \qquad)}{t_2 - t_1}$

Bの増加速度 $v_B = \left|\dfrac{\Delta c'}{\Delta t}\right| = \dfrac{(\text{イ} \qquad)}{t_2 - t_1}$

$v_A = v_B \times (\text{ウ} \qquad)$

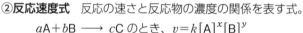

②**反応速度式** 反応の速さと反応物の濃度の関係を表す式。

aA$+b$B $\longrightarrow$ cC のとき、$v = k[\text{A}]^x[\text{B}]^y$

k を $(\text{エ} \qquad\qquad)$、$x+y$ を反応次数という。

注意 x、y は実験によって求められ、化学反応式の係数に必ずしも一致しない。

2 化学反応の速さと濃度・温度

①**反応の速さと濃度** 反応物の濃度が大きいほど、単位体積あたりの分子やイオンなどの粒子の数が多くなり、衝突回数が $(\text{オ} \qquad)$ するため、反応速度が $(\text{カ} \qquad)$ くなる。反応が進むと $(\text{キ} \qquad)$ の量が減少していき反応速度も変化する。

②**反応の速さと温度** 一般に反応速度は温度が高いほど $(\text{ク} \qquad)$ くなる。温度が $10\,\text{K}$ 上昇すると、反応速度は $2\sim4$ 倍になる。

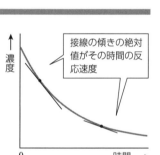

接線の傾きの絶対値がその時間の反応速度

3 活性化エネルギーと触媒

①**活性化エネルギー** 右図で、反応物が $(\text{ケ} \qquad)$ 状態となるために必要なエネルギー。活性化エネルギーの値はそれぞれの反応によって異なる。活性化エネルギーの $(\text{コ} \qquad)$ い反応のほうが、反応速度が大きい。

②**触媒** 反応速度を大きくするが、反応の前後で自身は $(\text{シ} \qquad)$ しない物質。触媒を用いると、活性化エネルギーが $(\text{ス} \qquad)$ くなり、異なる経路で反応が進む。触媒を用いても反応エンタルピーは変化しない。

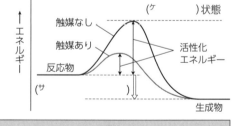

反応速度を大きくする要因	理由
濃度を大きくする	粒子の衝突回数が $(\text{セ} \qquad)$ する。
温度を高くする	遷移状態になる粒子の数の割合が増加する。
触媒を使用する	活性化エネルギーが $(\text{ソ} \qquad)$ くなる。

解答

(ア) $c_2 - c_1$ (イ) $c_2' - c_1'$ (ウ) 1/2 (エ) 反応速度定数
(オ) 増加 (カ) 大き (キ) 反応物 (ク) 大き (ケ) 遷移
(コ) 小さ (サ) 反応エンタルピー (シ) 変化 (ス) 小さ
(セ) 増加 (ソ) 小さ

共通テスト攻略の Point！

反応速度の定義を確実に理解し、化学反応式における反応物と生成物の物質量の変化と関連づけて考える。活性化エネルギーは触媒との関係とともに理解する。

必修例題 ⑩ 反応速度

関連問題 ➡ 103・104

ある濃度の過酸化水素水 100 mL に、触媒として
ある濃度の塩化鉄(Ⅲ)水溶液を加え 200 mL とし
た。発生した酸素の物質量を、時間を追って測定
したところ、図のようになった。最初の20秒間に
おいて、混合水溶液中の過酸化水素の平均の分解
速度は何 mol/(L·s)か。最も適当な数値を、次の
①～⑥のうちから一つ選べ。ただし、混合水溶液
の温度と体積は一定に保たれており、発生した酸
素は水に溶けないものとする。

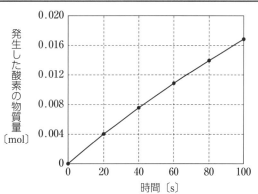

① 4.0×10^{-4} ② 1.0×10^{-3} ③ 2.0×10^{-3}
④ 4.0×10^{-3} ⑤ 1.0×10^{-2} ⑥ 2.0×10^{-2}

(17 センター本試 改)

解説 過酸化水素の分解反応は次の反応式で表される。

$$2H_2O_2 \longrightarrow 2H_2O + O_2$$

2 mol の H_2O_2 が分解すると 1 mol の O_2 が発生する。酸素は反応開始
後20秒間で 0.0040 mol 発生しており、分解した過酸化水素はその 2 倍
の 0.0080 mol である。混合水溶液の体積は 200 mL(=0.200 L)であり、
分解した過酸化水素のモル濃度は、次のように求められる。

$$\frac{0.0080\,\text{mol}}{0.200\,\text{L}} = 0.040\,\text{mol/L}$$

分解速度を v〔mol/(L·s)〕とすると、

$$v = \frac{0.040\,\text{mol/L}}{20\,\text{s}} \qquad v = 2.0 \times 10^{-3}\,\text{mol/(L·s)}$$

● CHECK POINT

平均の反応速度 $\overline{v}$ は、

$$\overline{v} = \left| \frac{[C]_2 - [C]_1}{t_2 - t_1} \right|$$

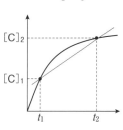

解答 ③

必修例題 ⑪ 活性化エネルギー

関連問題 ➡ 105

次の記述の中の □a□ と □b□ にあてはまるものを、以下の①
～⑧のうちから一つずつ選べ。ただし、同じものを繰り返し選ん
でもよい。

化学反応 A+B ⟶ C+D が進むときのエネルギー変化を示
すと、図のようになる。この反応の活性化エネルギーは図中で
□a□ に相当する。また、反応エンタルピーは図中で □b□ に
相当する。

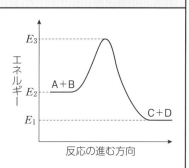

① E_1+E_3 ② E_2+E_3 ③ E_1+E_2 ④ E_3-E_1
⑤ E_3-E_2 ⑥ E_2-E_1 ⑦ E_1-E_2 ⑧ E_1-E_3

(96 センター本試 改)

解説 エネルギー図において反応物と生成物との関係をもとに考える。
正反応の活性化エネルギーは、反応物からみた山の高さに相当するエネ
ルギーであり、E_3-E_2 である。反応エンタルピーは、反応物と生成物と
のエネルギーの差であり、E_1-E_2 である。

● CHECK POINT

エネルギー図は、反応開始から遷移
状態を経て反応終了までのエネルギ
ーの変化を表している。

解答 a ⑤   b ⑦

必修問題

☑ **102** 反応速度 **1分** 反応速度に関する記述として下線部に**誤りを含むもの**はどれか。最も適当なものを、次の①～④のうちから一つ選べ。

① 亜鉛が希塩酸に溶けて水素を発生する反応では、希塩酸の濃度が高い方が、反応速度が大きくなる。

② 水素とヨウ素からヨウ化水素が生成する反応では、温度が高い方が、反応速度が大きくなる。

③ 石灰石に希塩酸を加えて二酸化炭素を発生させる反応では、石灰石の粒を砕いて小さくし、表面積を大きくすると反応速度が大きくなる。

④ 過酸化水素の分解反応では、過酸化水素水に触媒として酸化マンガン(IV)を少量加えると、活性化エネルギーが大きくなるので反応速度が大きくなる。 (22 共通テスト追試)

☑ **103** 反応速度 **2分** AとBが反応してCが生じる化学反応において、反応速度 v は、$v=k[A]^m[B]^n$ で表される。ただし、m と n は正の整数、$[A]$ と $[B]$ はAとBのモル濃度、k は反応速度定数とする。この反応において、温度が一定であるとき、$[A]$ だけを2倍にすると反応速度 v は2倍に、$[B]$ だけを 1/2 倍にすると反応速度 v は 1/4 倍になった。また、$[A]=1.0\,mol/L$、$[B]=1.0\,mol/L$ のときの反応速度 v は $2.0\times10^{-2}\,mol/(L\cdot s)$ になった。$[A]=5.0\,mol/L$、$[B]=2.0\,mol/L$ としたときの反応速度は何 $mol/(L\cdot s)$ か。最も適当な数値を、次の①～⑥のうちから一つ選べ。

① 1.0×10^{-2} ② 2.0×10^{-2} ③ 4.0×10^{-2}

④ 1.0×10^{-1} ⑤ 2.0×10^{-1} ⑥ 4.0×10^{-1} (17 静岡大 改)

☑ **104** 反応速度 **3分** 酸化マンガン(IV)による過酸化水素の水と酸素への分解反応の速度 v は、次式に示すように過酸化水素水濃度 $[H_2O_2]$ に比例することが知られている。 $v=k[H_2O_2]$ （k は反応速度定数）

質量パーセント濃度で1.36%の過酸化水素水溶液 500 mL（密度 1.00 g/cm³）に酸化マンガン(IV)を加え、一定温度で反応を行った。反応時間とそれまでに発生した酸素の体積の総和を表に示す。ただし、この

反応時間〔分〕	発生した酸素の体積の総和〔L〕
0	0
10	1.00
32	2.00

温度で 1 mol の酸素が占める体積は 25.0 L であり、反応によって溶液の体積は変化しないものとする。反応時間10分における反応速度は、反応時間32分における反応速度の何倍であるか。解答は小数点以下第2位を四捨五入して、右の形式により示せ。 　ア　.　イ　倍

① 1 ② 2 ③ 3 ④ 4 ⑤ 5 ⑥ 6 ⑦ 7 ⑧ 8 ⑨ 9 ⓪ 0

(06 東京工業大 改)

☑ **105** 活性化エネルギー **1分** 化学反応 A ⟶ B ＋ C について、反応の進む方向とエネルギーの関係を図に示す。この反応に関する記述として**誤りを含むもの**を、次の①～⑤のうちから一つ選べ。

① この反応は吸熱反応である。

② この反応の活性化エネルギーは E_2 である。

③ この反応の温度が高くなると，活性化エネルギーを超える大きな運動エネルギーをもつ分子の数の割合が増加していく。

④ この反応で触媒を用いると、反応経路が変わり、活性化エネルギーを小さくできる。

⑤ この反応が進むときに経るエネルギーの高い状態を、遷移状態という。 (17 センター追試 改)

活用問題

☑ **106** 反応速度 **5分**　分子Aが分子Bに変化する反応があり、その化学反応式は A ⟶ B で表される。1.00 mol/L のAの溶液に触媒を加えて、この反応を開始させ、1分ごとのAの濃度を測定したところ、表に示す結果が得られた。ただし、測定中は温度が一定で、B以外の生成物はなかったものとする。

表　Aの濃度と反応速度の時間変化

時間〔min〕	0		1		2		3		4
Aの濃度〔mol/L〕	1.00		0.60		0.36		0.22		0.14
Aの平均濃度 $\overline{c}$〔mol/L〕		0.80		〔　〕		0.29		〔　〕	
平均の反応速度 $\overline{v}$〔mol/(L・min)〕		〔　〕		0.24		0.14		0.08	

問1　Bの濃度は時間の経過とともにどのように変わるか。Bの濃度変化のグラフとして最も適当なものを、次の①〜⑥のうちから一つ選べ。

①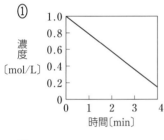

②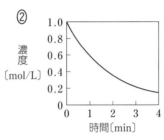

③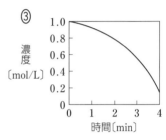

④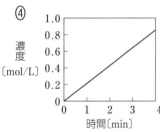

⑤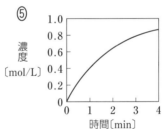

⑥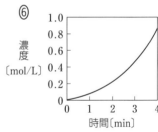

問2　表の空欄〔　〕を補うと、平均濃度 $\overline{c}$ と平均の反応速度 $\overline{v}$ の間には、次の式で表される関係があることがわかった。

$$\overline{v}=k\overline{c}$$

　ここで、k は反応速度定数（速度定数）である。この温度での k の値として最も適当なものを、次の①〜⑥のうちから一つ選べ。なお、必要があれば、方眼紙を使うこと。

① 0.008　　② 0.03

③ 0.08　　④ 0.3

⑤ 0.5　　⑥ 2

（18　プレテスト）

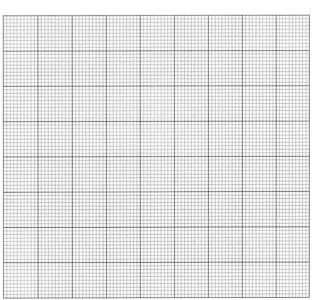

第Ⅱ章　物質の変化と平衡

☑ **107** **過酸化水素の分解反応の速度** ⟨5分⟩　過酸化水素 H_2O_2 の水 H_2O と酸素 O_2 への分解反応に関する次の文章を読み、後の問い（**a ～ c**）に答えよ。

H_2O_2 の分解反応は次の式で表され、水溶液中での分解反応速度は H_2O_2 の濃度に比例する。H_2O_2 の分解反応は非常に遅いが、酸化マンガン（Ⅳ）MnO_2 を加えると反応が促進される。

$$2H_2O_2 \longrightarrow 2H_2O + O_2$$

試験管に少量の MnO_2 の粉末とモル濃度 $0.400\,mol/L$ の過酸化水素水 $10.0\,mL$ を入れ、一定温度20℃で反応させた。反応開始から1分ごとに、それまでに発生した O_2 の体積を測定し、その物質量を計算した。10分までの結果を表と図1に示す。ただし、反応による水溶液の体積変化と、発生した O_2 の水溶液への溶解は無視できるものとする。

反応開始からの 時間〔min〕	発生した O_2 の 物質量〔$\times 10^{-3}\,mol$〕
0	0
1.0	0.417
2.0	0.747
3.0	1.01
4.0	1.22
5.0	1.38
6.0	1.51
7.0	1.61
8.0	1.69
9.0	1.76
10.0	1.81

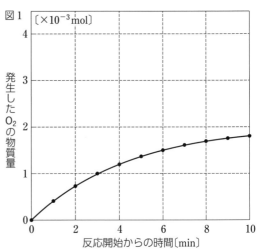

図1

a　H_2O_2 の水溶液中での分解反応に関する記述として**誤りを含むもの**はどれか。最も適当なものを、次の①～④のうちから一つ選べ。

① 少量の塩化鉄（Ⅲ）$FeCl_3$ 水溶液を加えると、反応速度が大きくなる。

② 肝臓などに含まれるカタラーゼを適切な条件で加えると、反応速度が大きくなる。

③ MnO_2 の有無にかかわらず、温度を上げると反応速度が大きくなる。

④ MnO_2 を加えた場合、反応の前後でマンガン原子の酸化数が変化する。

b　反応開始後1.0分から2.0分までの間における H_2O_2 の分解反応の平均反応速度は何 $mol/(L\cdot min)$ か。最も適当な数値を、次の①～⑧のうちから一つ選べ。

① 3.3×10^{-4}　　② 6.6×10^{-4}

③ 8.3×10^{-4}　　④ 1.5×10^{-3}

⑤ 3.3×10^{-2}　　⑥ 6.6×10^{-2}

⑦ 8.3×10^{-2}　　⑧ 0.15

c　図の結果を得た実験と同じ濃度と体積の過酸化水素水を、別の反応条件で反応させると、反応速度定数が2.0倍になることがわかった。このとき発生した O_2 の物質量の時間変化として最も適当なものを、図2の①～⑥のうちから一つ選べ。

（23　共通テスト本試）

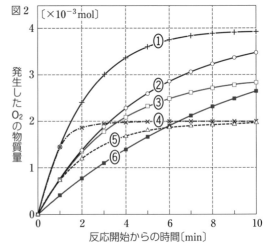

図2

7 化学平衡

1 可逆変化と化学平衡

①**可逆反応と不可逆反応** 化学反応において、一方方向にだけ進行する反応を (ア   ) 反応、逆向きにもおこる反応を (イ   ) 反応という。このとき、右向きの反応を (ウ   )、左向きの反応を (エ   ) という。

②**化学平衡** 可逆反応において、右向きの反応と左向きの反応の速度が等しくなり、見かけ上、反応が停止したように見える状態を (オ   ) の状態、または平衡状態という。

2 平衡定数

①**平衡定数** $a\text{A}+b\text{B} \rightleftharpoons c\text{C}+d\text{D}$ の反応が平衡状態にあるとき、各物質のモル濃度を $[\text{A}]$、$[\text{B}]$、…、分圧を p_A、p_B、…、とすると、濃度平衡定数 K_c、および圧平衡定数 K_p は次のように表せる。このような関係を (カ   ) の法則という。

$$K_\text{c}= (\text{キ} \hspace{4cm})、\quad K_\text{p}= (\text{ク} \hspace{4cm})$$

平衡定数は各反応に固有の値であり、(ケ   ) に応じて決まった値をとる。また、反応に固体が含まれる場合、平衡定数に固体の濃度は含まれない。

3 平衡移動

①**ルシャトリエの原理** 化学平衡は、濃度、圧力、温度を変化させると、その影響をやわらげる向きに移動し、新しい平衡状態になる。

条件変化		操作	平衡移動の方向
濃度	増加	物質を加える	増加した物質が (コ) する方向
	減少	物質を除く	減少した物質が (サ) する方向
圧力	増加	体積を小さくする(加圧)	圧力が減少する方向(気体分子の総数が (シ) する方向)
	減少	体積を大きくする(減圧)	圧力が増加する方向(気体分子の総数が (ス) する方向)
温度	上昇	加熱する	(セ) を伴う方向
	下降	冷却する	(ソ) を伴う方向
触媒	添加	触媒を加える	平衡に達するまでの時間は短くなるが、平衡移動は (タ)
反応に関与しない物質の添加		体積一定で Ar を加える	反応に関与する物質の濃度が (チ) ので平衡移動はおこらない
		全圧一定で Ar を加える	気体分子の総数が (ツ) する方向

②**共通イオン効果** 電解質の水溶液に別の電解質を加えたとき、もとの水溶液中に存在したイオンと共通のイオンが加わると、それが (テ   ) する方向に平衡が移動する。

解答

(ア) 不可逆 (イ) 可逆 (ウ) 正反応 (エ) 逆反応 (オ) 化学平衡 (カ) 化学平衡 (キ) $\dfrac{[\text{C}]^c[\text{D}]^d}{[\text{A}]^a[\text{B}]^b}$ (ク) $\dfrac{p_\text{C}{}^c \times p_\text{D}{}^d}{p_\text{A}{}^a \times p_\text{B}{}^b}$

(ケ) 温度 (コ) 減少 (サ) 増加 (シ) 減少 (ス) 増加 (セ) 吸熱 (ソ) 発熱 (タ) おこらない (チ) 変わらない

(ツ) 増加 (テ) 減少

第Ⅱ章 物質の変化と平衡

53

4 電離平衡

水のイオン積…$K_w=($ ト $)=1.0\times10^{-14}(\text{mol/L})^2$（25℃）

水素イオン指数…$\text{pH}=($ ナ $)$

弱酸の電離平衡… c〔mol/L〕の酢酸（電離度 α）の平衡時におけるモル濃度は次のようになる。

$$CH_3COOH \quad\rightleftharpoons\quad H^+ \quad + \quad CH_3COO^-$$

（ニ ）　（ヌ ）　（ネ ）〔mol/L〕

電離定数を K_a とすると、$K_a=\dfrac{[H^+][CH_3COO^-]}{[CH_3COOH]}=($ ノ $)$

ここで、$\alpha\ll1$ のとき、$K_a=($ ハ $)$ なので、$\alpha=($ ヒ $)$、$[H^+]=c\alpha=($ フ $)$

5 塩の性質

正塩の水溶液の性質

塩の成り立ち	例	水溶液の性質
強酸と強塩基からなる正塩	NaCl、Na$_2$SO$_4$	（ヘ ）性
強酸と弱塩基からなる正塩	NH$_4$Cl、CuSO$_4$	（ホ ）性
弱酸と強塩基からなる正塩	CH$_3$COONa、Na$_2$CO$_3$、NaHCO$_3$	（マ ）性

6 緩衝液

①**緩衝液と緩衝作用**　弱酸（または弱塩基）とその塩の混合水溶液は、少量の酸や塩基を加えても pH が大きく変化せず、ほぼ一定に保たれる。このような作用を（ミ ）といい、このような水溶液を（ム ）という。

例　CH$_3$COOH と CH$_3$COONa の混合液の緩衝作用

　CH$_3$COO$^-$ ＋ H$^+$ ⟶ CH$_3$COOH　　（酸に対する緩衝作用）

　CH$_3$COOH ＋ OH$^-$⟶（メ ）　（塩基に対する緩衝作用）

7 溶解度積

①**溶解度積**　ある温度で、難溶性の塩が水溶液中で次のような電離平衡の状態にあるとき、溶解度積 K_{sp} は各イオンの濃度[A^{n+}]、[B^{m-}]を用いて次のように表せる。

　A$_m$B$_n$ $\rightleftharpoons$ mA^{n+}＋nB^{m-}　　$K_{sp}=($ モ $)$

ある任意の濃度[A^{n+}]′、[B^{m-}]′を（モ）に代入し、その計算値を K_{sp}′とする。このとき、沈殿の生成の有無は次のようになる。

K_{sp} との関係	沈殿生成の有無
K_{sp}′>K_{sp}	沈殿を（ヤ ）
K_{sp}′≦K_{sp}	沈殿を（ユ ）

解答

（ト）[H$^+$][OH$^-$]　（ナ）$-\log_{10}[H^+]$　（ニ）$c(1-\alpha)$　（ヌ）$c\alpha$　（ネ）$c\alpha$

（ノ）$\dfrac{c\alpha^2}{1-\alpha}$　（ハ）$c\alpha^2$　（ヒ）$\sqrt{\dfrac{K_a}{c}}$　（フ）$\sqrt{cK_a}$　（ヘ）中　（ホ）酸

（マ）塩基　（ミ）緩衝作用　（ム）緩衝液　（メ）CH$_3$COO$^-$＋H$_2$O

（モ）[A^{n+}]^m[B^{m-}]^n　（ヤ）生じる　（ユ）生じない

1.0mol の気体Aのみが入った密閉容器に 1.0mol の気体Bを加えたところ、気体CおよびDが生成して、次式の平衡が成立した。　　　A ＋ B ⇌ C ＋ D

このときのCの物質量として最も適当な数値を、次の①〜⑤のうちから一つ選べ。ただし、容器内の温度と体積は一定とし、この温度における反応の平衡定数は0.25とする。

① 0.25　② 0.33　③ 0.50　④ 0.67　⑤ 0.75　　　　　　　　（16 センター追試）

解説　Cの物質量を x〔mol〕とすると、反応の量的関係は次のようになる。

	A	＋	B	⇌	C	＋	D
はじめ	1.0mol		1.0mol		0		0
変化量	$-x$		$-x$		$+x$		$+x$
平衡時	1.0mol$-x$		1.0mol$-x$		x		x

容器の体積を V〔L〕とすると、平衡時の各物質のモル濃度は、

$$[A]=[B]=\frac{1.0\,\text{mol}-x}{V}、\quad [C]=[D]=\frac{x}{V}$$

平衡定数をKとすると、

$$K=\frac{[C][D]}{[A][B]}=\frac{\dfrac{x}{V}\times\dfrac{x}{V}}{\dfrac{1.0\,\text{mol}-x}{V}\times\dfrac{1.0\,\text{mol}-x}{V}}=0.25$$

$x=0.333\,\text{mol}$ 　　**0.33 mol**

● **CHECK POINT**

平衡定数を用いて物質量を求める問題では、反応式の下に「はじめ」「変化量」「平衡時」の物質量をまとめるとよい。このとき、「変化量」の比が係数比と一致するように計算し、平衡時の値を平衡定数に代入して求めていく。

解答 ②

次の式ア〜オで表される化学反応が平衡状態にあるとき、下の記述の（**a・b**）の両方にあてはまるものはどれか。正しく選択しているものを、下の①〜⑤のうちから一つ選べ。

ア CH_3OH(気) ⇌ CO(気)$+2H_2$(気)　　$\Delta H=+91\,\text{kJ}$

イ C_2H_4(気)$+H_2$(気) ⇌ C_2H_6(気)　　$\Delta H=-137\,\text{kJ}$

ウ $2CO_2$(気) ⇌ $2CO$(気)$+O_2$(気)　　$\Delta H=+566\,\text{kJ}$

エ H_2(気)$+I_2$(気) ⇌ $2HI$(気)　　$\Delta H=-9\,\text{kJ}$

オ N_2(気)$+3H_2$(気) ⇌ $2NH_3$(気)　　$\Delta H=-92\,\text{kJ}$

a　温度一定で圧力を上げると、右向きの方向に平衡が移動する。

b　圧力一定で温度を下げると、右向きの方向に平衡が移動する。

① ア、ウ　　② イ、オ　　③ エ、オ　　④ ア、ウ、エ　　⑤ イ、エ、オ

（18 センター追試 改）

解説　ルシャトリエの原理から、圧力を上げると、圧力の増加をやわらげる向き、すなわち、気体の粒子数が減少する方向へ平衡が移動する。温度を下げると、温度低下をやわらげる向き、すなわち、発熱を伴う方向へ平衡が移動する。

a　圧力を上げると生成物（右辺）が増加する方向に平衡が移動する反応は、反応物（左辺）の粒子数よりも生成物（右辺）の粒子数が少ない反応である。右辺の粒子数の方が少ない反応は**イ**、**オ**である。

b　温度を下げると、生成物（右辺）が増加する方向に平衡が移動する反応は、発熱反応である。あてはまるのは**イ**、**エ**、**オ**である。

● **CHECK POINT**

ルシャトリエの原理を用いる。圧力の変化に対しては「気体の」粒子数の変化（反応式の係数に着目）を考える。固体や液体は考えない。

解答 ②

第Ⅱ章 物質の変化と平衡

必修問題

☑ **108** 化学平衡の状態 **1分** 水素とヨウ素の混合物を密閉容器に入れ、450℃で反応させるとヨウ化水素が生成し、やがて平衡に達する。 $\quad H_2 + I_2 \underset{\text{逆反応}}{\overset{\text{正反応}}{\rightleftarrows}} 2HI$

反応開始後の正反応の速さと逆反応の速さを表す図として最も適当なものを、次の①～⑤のうちから一つ選べ。

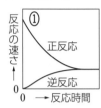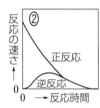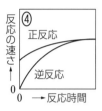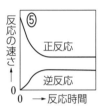

(94 センター追試)

☑ **109** ヨウ化水素の平衡 **3分** 容積一定の密閉容器**X**に水素 H_2 とヨウ素 I_2 を入れて、一定温度 T に保ったところ、次の式の反応が平衡状態に達した。 $\quad H_2(気) + I_2(気) \rightleftarrows 2HI(気)$

平衡状態の H_2、I_2、ヨウ化水素 HI の物質量は、それぞれ 0.40 mol、0.40 mol、3.2 mol であった。

次に、**X** の半分の一定容積をもつ密閉容器**Y**に 1.0 mol の HI のみを入れて、同じ一定温度 T に保つと、平衡状態に達した。このときの HI の物質量は何 mol か。最も適当な数値を、次の①～⑥のうちから一つ選べ。ただし、H_2、I_2、HI はすべて気体として存在するものとする。

① 0.060　② 0.11　③ 0.20　④ 0.80　⑤ 0.89　⑥ 0.94 　(23 共通テスト本試)

☑ **110** 平衡定数 **4分** 密閉容器に二酸化窒素を入れると、その一部が次のように会合して四酸化二窒素が生じ、平衡状態となる。 $\quad 2NO_2 \rightleftarrows N_2O_4$

体積 10 L の容器に 3.0 mol の二酸化窒素を入れ、温度を T 〔K〕に保ったところ、平衡状態になった。

問1 温度 T 〔K〕において、濃度平衡定数 K_c〔L/mol〕と圧平衡定数 K_p〔/Pa〕の間に成り立つ式として最も適当なものを次の①～⑤のうちから一つ選べ。ただし、気体定数を R〔Pa・L/(K・mol)〕とする。

① $K_p = K_c$ ② $K_p = \dfrac{K_c}{(RT)^2}$ ③ $K_p = \dfrac{K_c}{RT}$ ④ $K_p = RTK_c$ ⑤ $K_p = (RT)^2 K_c$

問2 平衡時、容器内に存在する四酸化二窒素の物質量〔mol〕として最も適当なものを次の①～⑤のうちから一つ選べ。ただし、温度 T 〔K〕における K_c を 10 L/mol とする。

① 0.50　② 0.75　③ 1.0　④ 1.5　⑤ 2.3

☑ **111** ルシャトリエの原理 **3分** 触媒を入れた密閉容器内で次の気体反応の平衡が成立している。

$\quad N_2 + 3H_2 \rightleftarrows 2NH_3$

この状態から、温度一定のまま他の条件を変化させたときの平衡の移動に関する記述として**誤りを含むもの**を、次の①～⑥のうちから一つ選べ。ただし、触媒の体積は無視できるものとする。

① 体積を小さくして容器内の圧力を高くすると、平衡は NH_3 が増加する方向へ移動する。

② 体積一定で、H_2 を加えると、平衡は NH_3 が増加する方向へ移動する。

③ 体積一定で、NH_3 のみを除去すると、平衡は N_2 が減少する方向へ移動する。

④ 体積一定で、触媒をさらに加えても、平衡は移動しない。

⑤ 体積一定で、貴ガスを加えると、NH_3 の物質量は減少する。

⑥ 全圧一定で、貴ガスを加えると、NH_3 の物質量は減少する。

(15 センター本試 改)

☑ **112** アンモニアの合成 ◀4分▶ 次の問い（**a・b**）に答えよ。

a アンモニアは窒素と水素から、次の反応により合成される。

$$N_2 + 3H_2 \rightleftharpoons 2NH_3 \quad \cdots(1)$$

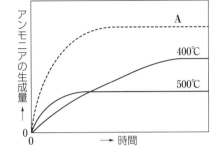

鉄触媒の作用により、窒素 1 mol と水素 3 mol の混合気体を圧力一定に保って反応させると、時間とともにアンモニアの生成量が増加し、平衡状態に達する。このアンモニアの生成量の時間変化を図の実線で示す。この図を参考にして、次の記述①〜④のうちから正しいものを一つ選べ。

① アンモニアの生成反応は吸熱反応である。

② 反応式(1)の500℃における平衡定数は、400℃の値よりも小さい。

③ アンモニアが生成する速さは、400℃でも500℃でも、時間とともに大きくなる。

④ 触媒の種類を変えて反応の速さを大きくした場合、400℃でのアンモニアの生成量は、図の破線**A**で示される。

（93　センター追試）

b N_2とその3倍の物質量のH_2を混合して、500℃で平衡状態にしたときの全圧とNH_3の体積百分率（生成率）の関係を図に示す。触媒を入れた容積一定の反応容器にN_2 0.70 mol、H_2 2.10 mol を入れて500℃に保ったところ平衡に達し、全圧が5.8×10^7 Pa になった。このとき、生成したNH_3の物質量は何 mol か。最も適当な数値を、下の①〜⑤のうちから一つ選べ。

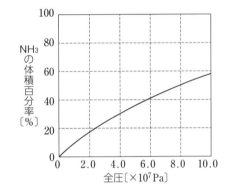

① 0.40　② 0.80　③ 1.10

④ 1.40　⑤ 2.80

（21　共通テスト第2日程）

☑ **113** 温度変化と平衡移動 ◀2分▶ 気体X、Y、Zの平衡反応は次式で表される。

$$aX \rightleftharpoons bY + bZ$$

密閉容器にXのみを1.0 mol 入れて温度を一定に保ったときの物質量の変化を調べた。気体の温度をT_1とT_2に保った場合のXとY（またはZ）の物質量の変化を、**結果Ⅰ**と**結果Ⅱ**にそれぞれ示す。

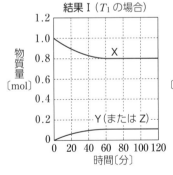
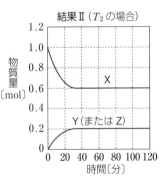

ここで$T_1 < T_2$である。上の式中の係数aとbの比（$a:b$）および右向きの反応の組合せとして最も適当なものを、次の①〜⑧のうちから一つ選べ。

	$a:b$	右向きの反応		$a:b$	右向きの反応
①	1:1	発熱	⑤	1:2	発熱
②	1:1	吸熱	⑥	1:2	吸熱
③	2:1	発熱	⑦	3:1	発熱
④	2:1	吸熱	⑧	3:1	吸熱

（16　センター本試　改）

✓ **114** 濃度と電離度 3分　酢酸の25℃での電離定数は、$2.7×10^{-5}$mol/L である。25℃における酢酸水溶液の濃度と電離度の関係を表すグラフとして最も適当なものを、次の①〜⑥のうちから一つ選べ。

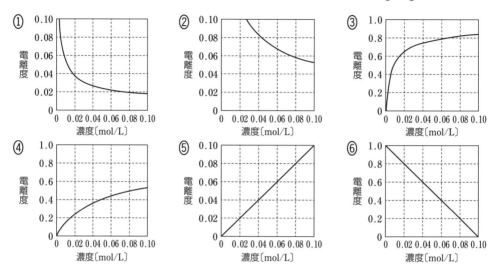

(17　センター追試)

✓ **115** 緩衝液 1分　0.1mol/L の酢酸水溶液 100mL と、0.1mol/L の酢酸ナトリウム水溶液 100mL を混合した。この混合水溶液に関する次の記述（ a 〜 c ）について、正誤の組合せとして正しいものを、右の①〜⑧のうちから一つ選べ。

a　混合水溶液中では、酢酸ナトリウムはほぼ全て電離している。

b　混合水溶液中では、酢酸分子と酢酸イオンの物質量はほぼ等しい。

c　混合水溶液に少量の希塩酸を加えても、水素イオンと酢酸イオンが反応して酢酸分子となるので、pH はほとんど変化しない。

	a	b	c		a	b	c
①	正	正	正	⑤	誤	正	正
②	正	正	誤	⑥	誤	正	誤
③	正	誤	正	⑦	誤	誤	正
④	正	誤	誤	⑧	誤	誤	誤

(17　センター本試)

✓ **116** 電離定数 3分　0.016mol/L の酢酸水溶液 50mL と 0.020mol/L の塩酸 50mL を混合した水溶液中の、酢酸イオンのモル濃度は何 mol/L か。最も適当な数値を次の①〜⑥のうちから一つ選べ。ただし、酢酸の電離度は 1 より十分小さく、電離定数は $2.5×10^{-5}$mol/L とする。

①　$1.0×10^{-5}$　②　$2.0×10^{-5}$　③　$5.0×10^{-5}$　④　$1.0×10^{-4}$　⑤　$2.0×10^{-4}$　⑥　$5.0×10^{-4}$

(16　センター本試)

✓ **117** AgCl の溶解度積 3分　ある温度の AgCl 飽和水溶液において、Ag^+ および Cl^- のモル濃度は、$[Ag^+]=1.4×10^{-5}$mol/L、$[Cl^-]=1.4×10^{-5}$mol/L であった。この温度において、$1.0×10^{-5}$mol/L の $AgNO_3$ 水溶液 25mL に、ある濃度の NaCl 水溶液を加えていくと、10mL を超えた時点で AgCl の白色沈殿が生じ始めた。NaCl 水溶液のモル濃度は何 mol/L か。最も適当な数値を、次の①〜④のうちから一つ選べ。

①　$8.1×10^{-5}$　　②　$9.6×10^{-5}$　　③　$2.0×10^{-4}$　　④　$5.1×10^{-4}$　　(22　共通テスト追試)

活用問題

☑ **118** ルシャトリエの原理 **3分** 次の式で表される可逆反応がある。

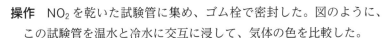

$$2NO_2 \rightleftharpoons N_2O_4 \quad \cdots(1)$$

ただし、NO_2 は赤褐色の気体、N_2O_4 は無色の気体である。温度変化だけによる平衡の移動方向から、式(1)の右向きの反応が発熱反応か吸熱反応かを確かめるため、次の実験を行った。

操作 NO_2 を乾いた試験管に集め、ゴム栓で密封した。図のように、この試験管を温水と冷水に交互に浸して、気体の色を比較した。

結果 試験管を温水に浸したときのほうが気体の色は濃かった。

この実験に関する考察として最も適当なものを、次の①～⑤のうちから一つ選べ。

① この実験では温度変化だけによる平衡の移動を見ており、発熱反応といえる。

② この実験では温度変化だけによる平衡の移動を見ており、吸熱反応といえる。

③ 温度が変わると気体の圧力も変化するので、この実験では温度変化だけによる平衡の移動を見てはいない。したがって、発熱反応か吸熱反応かは判断できない。

④ 温度が変わると気体の圧力も変化するので、この実験では温度変化だけによる平衡の移動を見てはいない。しかし、圧力変化が平衡の移動に与える影響は、温度変化が平衡の移動に与える影響より小さいことが、色の変化からわかるので、発熱反応といえる。

⑤ 温度が変わると気体の圧力も変化するので、この実験では温度変化だけによる平衡の移動を見てはいない。しかし、圧力変化が平衡の移動に与える影響は、温度変化が平衡の移動に与える影響より小さいことが、色の変化からわかるので、吸熱反応といえる。

(17 プレテスト 改)

☑ **119** 電離平衡 **5分** 図は $0.20\,mol/L$ の酢酸水溶液 $10\,mL$ に 0.20 mol/L の水酸化ナトリウム水溶液を滴下したときの滴定曲線である。 pH 酢酸の電離定数 K_a は $2.0\times10^{-5}\,mol/L$、水のイオン積 K_w は $1.0\times10^{-14}\,(mol/L)^2$、$\log_{10}2=0.30$ とする。

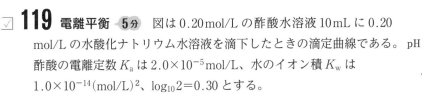

0.20 mol/L 水酸化ナトリウム水溶液の体積〔mL〕

問1 A点の pH として適当なものを、次の①～⑤から一つ選べ。

① 1.20 ② 2.12 ③ 2.70 ④ 3.32 ⑤ 3.80

問2 B点の pH として適当なものを、次の①～⑤から一つ選べ。

① 4.00 ② 4.30 ③ 4.70 ④ 5.20 ⑤ 5.40

問3 C点(中和点)において、酢酸ナトリウムから生じた酢酸イオンは次のように反応して OH^- を生じる。

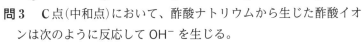

$$CH_3COO^- + H_2O \rightleftharpoons CH_3COOH + OH^-$$

$[H_2O]$は一定とみなせるので、この反応の平衡定数 K_h は $K_h=\dfrac{[CH_3COOH][OH^-]}{[CH_3COO^-]}$ となる。

酢酸の電離定数 K_a〔mol/L〕を表す式として正しいものを、次の①～⑥のうちから一つ選べ。

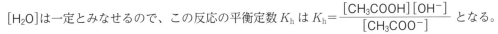

① $\sqrt{K_hK_w}$ ② $\sqrt{\dfrac{K_w}{K_h}}$ ③ $\sqrt{\dfrac{K_h}{K_w}}$ ④ K_hK_w ⑤ $\dfrac{K_w}{K_h}$ ⑥ $\dfrac{K_h}{K_w}$

問4 C点の pH として適当なものを、次の①～⑤から一つ選べ。

① 6.20 ② 7.56 ③ 8.12 ④ 8.85 ⑤ 9.15

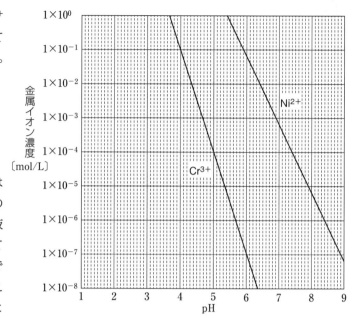

120 溶解度積 5分 Cr^{3+} と Ni^{2+} を含む強酸性水溶液に塩基を加えていくと、水酸化物の沈殿が生じる。このとき、次式の平衡が成立する。

$$Cr(OH)_3 \rightleftharpoons Cr^{3+} + 3OH^-$$

$$K_{sp} = [Cr^{3+}][OH^-]^3$$

$$Ni(OH)_2 \rightleftharpoons Ni^{2+} + 2OH^-$$

$$K'_{sp} = [Ni^{2+}][OH^-]^2$$

この二つの溶解度積 K_{sp} と K'_{sp} は水酸化物イオン濃度 $[OH^-]$ を含むので、沈殿が生じているときの水溶液中の金属イオン濃度は pH によって決まる。これらの関係は図の直線で示される。次の問い（**a**・**b**）に答えよ。ただし、水溶液の温度は一定とする。

a Cr^{3+} を含む強酸性水溶液に水酸化ナトリウム水溶液を加えていき、pH が 4 になったとき、$Cr(OH)_3$ の沈殿が生じた。このとき水溶液中に含まれる Cr^{3+} の濃度として最も適当な数値を、次の①～⑨のうちから一つ選べ。

① 1.0×10^{-1} ② 1.0×10^{-2} ③ 1.0×10^{-3} ④ 1.0×10^{-4} ⑤ 1.0×10^{-5}
⑥ 1.0×10^{-6} ⑦ 1.0×10^{-7} ⑧ 1.0×10^{-8} ⑨ 1.0×10^{0}

b Cr^{3+} と Ni^{2+} を 1.0×10^{-1} mol/L ずつ含む強酸性水溶液に水酸化ナトリウム水溶液を徐々に加えて、Cr^{3+} を $Cr(OH)_3$ の沈殿として分離したい。ここでは、水溶液中の Cr^{3+} の濃度が 1.0×10^{-4} mol/L 未満であり、しかも $Ni(OH)_2$ が沈殿していないときに、Cr^{3+} を分離できたものとする。そのためには pH の範囲をどのようにすればよいか。有効数字 2 桁で次の形式で表すとき、$\boxed{1}$ ～ $\boxed{4}$ にあてはまる数字を、下の①～⓪のうちから一つずつ選べ。ただし、同じものを繰り返し選んでもよい。なお、水酸化ナトリウム水溶液を加えても水溶液の体積は変化しないものとする。

$$\boxed{1} . \boxed{2} < pH < \boxed{3} . \boxed{4}$$

① 1 ② 2 ③ 3 ④ 4 ⑤ 5 ⑥ 6 ⑦ 7 ⑧ 8 ⑨ 9 ⓪ 0

(17 プレテスト)

121 二酸化炭素の電離平衡 5分 私たちが暮らす地球の大気には二酸化炭素 CO_2 が含まれている。CO_2 が水に溶けると、その一部が炭酸 H_2CO_3 になる。

$$CO_2 + H_2O \rightleftharpoons H_2CO_3$$

このとき、H_2CO_3、炭酸水素イオン HCO_3^-、炭酸イオン CO_3^{2-} の間に式(1)、(2)のような電離平衡が成り立っている。ここで、式(1)、(2)における電離定数をそれぞれ K_1、K_2 とする。

$$H_2CO_3 \rightleftharpoons H^+ + HCO_3^- \qquad (1)$$

$$HCO_3^- \rightleftharpoons H^+ + CO_3^{2-} \qquad (2)$$

式(1)、(2)が H^+ を含むことから、水中の H_2CO_3、HCO_3^-、CO_3^{2-} の割合は pH に依存し、pH を変化させると図のようになる。

一方、海水は地殻由来の無機塩が溶けている
ため、弱塩基性を保っている。しかし、産業革
命後は、人口の急増や化石燃料の多用で増加し
た CO_2 の一部が海水に溶けることによって、
(a)海水の pH は徐々に低下しつつある。

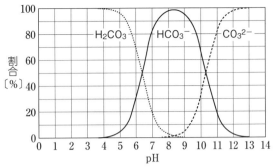

問1 式(2)における電離定数 K_2 に関する次
の問い(**a・b**)に答えよ。

a 電離定数 K_2 を次の式(3)で表すとき、
$\boxed{1}$ と $\boxed{2}$ にあてはまる最も適当なものを、下の①~⑤のうちからそれぞれ一つずつ選べ。

$$K_2 = [H^+] \times \frac{\boxed{1}}{\boxed{2}} \qquad (3)$$

① $[H^+]$ ② $[HCO_3^-]$ ③ $[CO_3^{2-}]$ ④ $[HCO_3^-]^2$ ⑤ $[CO_3^{2-}]^2$

b 電離定数の値は数桁にわたるので、K_2 の対数をとって $pK_2 (= -\log_{10} K_2)$ として表すことがある。式(3)を変形した次の式(4)と図を参考に、pK_2 の値を求めると、およそいくらになるか。最も適当な数値を、下の①~⑤のうちから一つ選べ。

$$-\log_{10} K_2 = -\log_{10} [H^+] - \log_{10} \frac{\boxed{1}}{\boxed{2}} \qquad (4)$$

① 6.3 ② 7.3 ③ 8.3 ④ 9.3 ⑤ 10.3

問2 下線部(a)に関連して、pH が 8.17 から 8.07 に低下したとき、水素イオン濃度はおよそ何倍になるか。最も適当な数値を次の①~⑥のうちから一つ選べ。必要があれば表の常用対数表を参考にせよ。例えば、$\log_{10} 2.03$ の値は、表の 2.0 の行と 3 の列が交わる太枠内の数値 0.307 となる。

① 0.10
② 0.75
③ 1.0
④ 1.3
⑤ 7.5
⑥ 10

(18 プレテスト)

表　常用対数表(抜粋、小数第4位を四捨五入して小数第3位までを記載)

数	0	1	2	3	4	5	6	7	8	9
1.0	0.000	0.004	0.009	0.013	0.017	0.021	0.025	0.029	0.033	0.037
1.1	0.041	0.045	0.049	0.053	0.057	0.061	0.064	0.068	0.072	0.076
1.2	0.079	0.083	0.086	0.090	0.093	0.097	0.100	0.104	0.107	0.111
1.3	0.114	0.117	0.121	0.124	0.127	0.130	0.134	0.137	0.140	0.143
1.4	0.146	0.149	0.152	0.155	0.158	0.161	0.164	0.167	0.170	0.173
1.5	0.176	0.179	0.182	0.185	0.188	0.190	0.193	0.196	0.199	0.201
1.6	0.204	0.207	0.210	0.212	0.215	0.217	0.220	0.223	0.225	0.228
1.7	0.230	0.233	0.236	0.238	0.241	0.243	0.246	0.248	0.250	0.253
1.8	0.255	0.258	0.260	0.262	0.265	0.267	0.270	0.272	0.274	0.276
1.9	0.279	0.281	0.283	0.286	0.288	0.290	0.292	0.294	0.297	0.299
2.0	0.301	0.303	0.305	0.307	0.310	0.312	0.314	0.316	0.318	0.320
2.1	0.322	0.324	0.326	0.328	0.330	0.332	0.334	0.336	0.338	0.340
9.6	0.982	0.983	0.983	0.984	0.984	0.985	0.985	0.985	0.986	0.986
9.7	0.987	0.987	0.988	0.988	0.989	0.989	0.989	0.990	0.990	0.991
9.8	0.991	0.992	0.992	0.993	0.993	0.993	0.994	0.994	0.995	0.995
9.9	0.996	0.996	0.997	0.997	0.997	0.998	0.998	0.999	0.999	1.000

8 非金属元素の単体と化合物

1 水素と貴ガス

水素 H_2…すべての気体の中で最も軽く、無色・無臭の気体。(ア　　　　)剤として働く。
貴ガス(希ガス)…18族元素。安定な電子配置をとり、(イ　　　　)分子として存在。無色・無臭の気体。

2 ハロゲン

①ハロゲン　17族の元素で、価電子を7個もち、(ウ　　　)価の陰イオンになりやすい。

単体	色	状態	水との反応性	酸化力
F_2	淡黄色	気体	最も反応性が高く、水と激しく反応して酸素を発生。	強
Cl_2	エ	気体	水に少し溶ける。$Cl_2 + H_2O \rightleftarrows HCl + HClO$	↑
Br_2	オ	カ	塩素よりも水に溶けにくい。	
I_2	黒紫色	キ	水に溶けにくいが、KI 水溶液には溶ける。	弱

塩素の製法　① $MnO_2 + 4HCl \xrightarrow{加熱} MnCl_2 + 2H_2O + Cl_2$

　　　　　　② $Ca(ClO)_2 \cdot 2H_2O + 4HCl \longrightarrow CaCl_2 + 4H_2O + 2Cl_2$

②ハロゲンの化合物

フッ化水素 HF…水溶液は(ク　　　)い酸性を示す。
(ケ　　　　　　)を溶かすのでポリエチレン容器に保存。
製法　$CaF_2 + H_2SO_4 \longrightarrow CaSO_4 + 2HF$
塩化水素 HCl…水溶液は塩酸とよばれ、強い酸性を示す。
製法　$NaCl + H_2SO_4 \longrightarrow NaHSO_4 + HCl$
次亜塩素酸 HClO…強い酸化作用を示す。殺菌・漂白に利用。

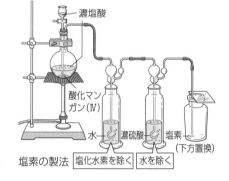

塩素の製法　塩化水素を除く　水を除く

3 酸素・硫黄

①酸素の単体と化合物

単体	酸素 O_2	水に溶けにくい無色・無臭の気体。 製法　$2H_2O_2 \xrightarrow{MnO_2} 2H_2O + O_2$, $2KClO_3 \xrightarrow{MnO_2} 2KCl + 3O_2$
	オゾン O_3	酸素の同素体。酸素中で無声放電して得られ、強い酸化作用をもつ。

酸化物…水と反応して酸を生じる**酸性酸化物**、塩基を生じる**塩基性酸化物**、酸とも塩基とも反応する**両性酸化物**がある。

②硫黄の単体と化合物

単体	硫黄 S	斜方硫黄(S_8)、単斜硫黄(S_8)、ゴム状硫黄などの同素体がある。
化合物	硫酸 H_2SO_4	製法　(コ　　　　　)法　$SO_2 \xrightarrow{V_2O_5} SO_3 \xrightarrow{H_2O} H_2SO_4$ **濃硫酸** 吸湿性、脱水作用を示す不揮発性の酸。熱濃硫酸は酸化作用が強い。 **希硫酸** 強い酸性を示し、亜鉛 Zn や鉄 Fe などの金属と反応して H_2 を発生。
	硫化水素 H_2S	無色、(サ　　　)臭の有毒な気体で、還元作用を示す。水に少し溶けて弱酸性を示す。製法　$FeS + H_2SO_4 \longrightarrow FeSO_4 + H_2S$ (弱酸の遊離)
	二酸化硫黄 SO_2	無色、刺激臭の有毒な気体で還元作用を示す※。水によく溶けて弱酸性を示す。製法　$2NaHSO_3 + H_2SO_4 \longrightarrow Na_2SO_4 + 2H_2O + 2SO_2$ (弱酸の遊離)

※硫化水素との反応では、二酸化硫黄は(シ　　　　)剤として働く。$2H_2S + SO_2 \longrightarrow 3S + 2H_2O$

4 窒素・リン

①窒素の化合物

アンモニア NH_3…無色、(^{ス}　　　　　)臭の気体。水にきわめてよく溶け、水溶液は弱い塩基性を示す。濃塩酸に近づけると白煙を生じる。

　 工業的製法 　(^{セ}　　　　　　　　　　　)法

　　 $N_2 + 3H_2 \rightleftarrows 2NH_3$(触媒：$Fe_3O_4$ など)

　 実験室での製法

　　 $2NH_4Cl + Ca(OH)_2 \longrightarrow CaCl_2 + 2H_2O + 2NH_3$(弱塩基の遊離)

一酸化窒素 NO…水に溶けにくい(^{ソ}　　　)色の気体。

二酸化窒素 NO_2…水に溶けやすい(^{タ}　　　)色の気体。

硝酸 HNO_3…無色、揮発性の液体で、強い酸性を示す。光や熱で分解するため、(^{チ}　　　　　)びんに保存。強い酸化作用を示し、水素よりイオン化傾向の小さな銅や銀とも反応する。

　　 希硝酸　 $3Cu + 8HNO_3 \longrightarrow 3Cu(NO_3)_2 + 4H_2O + 2NO$

　　 濃硝酸　 $Cu + 4HNO_3 \longrightarrow Cu(NO_3)_2 + 2H_2O + 2NO_2$

　　 濃硝酸中で Al、Fe、Ni などの金属は(^{ツ}　　　　　　　　)となり、それ以上反応しなくなる。

　 工業的製法 　(^{テ}　　　　　　　　　)法　 $NH_3 \xrightarrow[Pt]{O_2} NO \longrightarrow NO_2 \xrightarrow{H_2O} HNO_3$

②リンの単体と化合物

リン P…黄リン、赤リンなどの同素体がある。黄リンは自然発火するため(^{ト}　　　　　)中に保存。

十酸化四リン P_4O_{10}…吸湿性を示すため、乾燥剤として利用。水に溶かして加熱するとリン酸を生じる。

　　 $P_4O_{10} + 6H_2O \longrightarrow 4H_3PO_4$

アンモニアの製法

塩化アンモニウム
水酸化カルシウム

試験管口を下げる　ソーダ石灰　上方置換

アンモニア

5 炭素・ケイ素

①炭素の単体と化合物

単体	炭素 C	同素体には、ダイヤモンド、黒鉛、フラーレンなどがある。
化合物	一酸化炭素 CO	無色、無臭の有毒な気体で、水に溶けにくい。 製法　 $HCOOH \xrightarrow{濃硫酸} H_2O + CO$
	二酸化炭素 CO_2	無色、無臭の気体で、水に溶けて弱酸性を示し、石灰水に通すと白濁する。 　 $Ca(OH)_2 + CO_2 \longrightarrow CaCO_3 + H_2O$ 製法　 $CaCO_3 + 2HCl \longrightarrow CaCl_2 + H_2O + CO_2$(弱酸の遊離)

②ケイ素の単体と化合物

単体	ケイ素 Si	半導体の原料として用いられる。
化合物	二酸化ケイ素 SiO_2	石英(水晶)やケイ砂、ケイ石として産出する。光ファイバーや、シリカゲル(乾燥剤)の原料などに用いられる。 　 $SiO_2 \xrightarrow{NaOH} Na_2SiO_3 \xrightarrow{H_2O} 水ガラス \xrightarrow{HCl} H_2SiO_3 \xrightarrow{乾燥} シリカゲル$

　解答

（ア）還元　（イ）単原子　（ウ）1　（エ）黄緑色　（オ）赤褐色　（カ）液体
（キ）固体　（ク）弱　（ケ）ガラス　（コ）接触　（サ）腐卵　（シ）酸化
（ス）刺激　（セ）ハーバー・ボッシュ　（ソ）無　（タ）赤褐　（チ）褐色
（ツ）不動態　（テ）オストワルト　（ト）水

共通テスト攻略の Point！

各元素の単体、化合物についてその製法と性質を正確におさえる。特に気体の製法や捕集法は整理しておくこと。

必修例題 ⑭ ハロゲンの単体と化合物

関連問題 ➡ 126・127・128

ハロゲンの単体および化合物に関する記述として**誤りを含むもの**を次の①〜⑤のうちから一つ選べ。

① フッ素は、ハロゲンの単体の中で、水素との反応性が最も高い。

② フッ化水素酸は、ガラスを腐食する。

③ 塩化銀は、アンモニア水に溶ける。

④ 次亜塩素酸は、塩素がとりうる最大の酸化数をもつオキソ酸である。

⑤ ヨウ化カリウム水溶液にヨウ素を溶かすと、その溶液は褐色を呈する。 (18 センター本試)

解説

① 正 ハロゲンの単体の反応性は $F_2 > Cl_2 > Br_2 > I_2$ である。

② 正 フッ化水素の水溶液をフッ化水素酸という。フッ化水素酸はガラスを溶かす。$SiO_2 + 6HF \longrightarrow H_2SiF_6 + 2H_2O$

③ 正 塩化銀はアンモニア水に溶解し、$[Ag(NH_3)_2]^+$ となる。

④ 誤 塩素のオキソ酸においては、過塩素酸 $HClO_4$ が Cl の最大酸化数(+7)となる。次亜塩素酸 $HClO$ の Cl の酸化数は +1 である。

⑤ 正 ヨウ素は水に溶けにくいが、ヨウ化カリウムがあると、I_2 と I^- から I_3^- の褐色のイオンが生じ、ヨウ素は水に溶解する。

● CHECK POINT
ハロゲンに関する問題は頻出であるので、単体や化合物について、性質とその製法を確認しておく。

解答 ④

必修例題 ⑮ 気体の発生と捕集・乾燥

関連問題 ➡ 139・140・141

次に示す実験操作①〜⑤のうちから、正しいものを一つ選べ。

① 銅に希硝酸を作用させ、発生する気体を水上置換法で集める。

② 銅に濃硫酸を加えて加熱し、発生する気体を上方置換法で集める。

③ 塩化アンモニウムと水酸化カルシウムをよく混合して加熱し、発生する気体を十酸化四リンで乾燥する。

④ 石灰石に塩酸を作用させ、発生する気体をソーダ石灰(NaOH と CaO の混合物)で乾燥する。

⑤ 硫化鉄(Ⅱ)に塩酸を作用させ、発生する気体を水酸化ナトリウム水溶液の入った洗気びんで洗浄する。 (95 センター本試 改)

解説

① 正 $3Cu + 8HNO_3 \longrightarrow 3Cu(NO_3)_2 + 4H_2O + \underline{2NO}$
NO は水に溶けにくいので、水上置換で捕集する。

② 誤 $Cu + 2H_2SO_4 \longrightarrow CuSO_4 + 2H_2O + \underline{SO_2}$
SO_2 は水に溶けやすく、空気よりも重いので、下方置換で捕集する。

③ 誤 $2NH_4Cl + Ca(OH)_2 \longrightarrow CaCl_2 + 2H_2O + \underline{2NH_3}$
NH_3 は塩基性の気体であり、酸性の乾燥剤である P_4O_{10} を用いると中和がおこり吸収されてしまうため、使用できない。

④ 誤 $CaCO_3 + 2HCl \longrightarrow CaCl_2 + H_2O + \underline{CO_2}$
CO_2 は酸性の気体であり、塩基性の乾燥剤であるソーダ石灰を用いると中和がおこり吸収されてしまうため、使用できない。

⑤ 誤 $FeS + 2HCl \longrightarrow FeCl_2 + \underline{H_2S}$
H_2S は酸性の気体であり、塩基性の水酸化ナトリウム水溶液で洗浄すると中和がおこり吸収されてしまうため、使用できない。

● CHECK POINT
気体の発生法やその性質は頻出事項である。発生の化学反応式を書けるようにしておき、性質と捕集法を整理しておく。

解答 ①

✓ **122** 典型元素・遷移元素 **1分**　天然に存在する典型元素と遷移元素に関する記述として**誤りを含む**ものを、次の①〜⑤のうちから一つ選べ。

① アルカリ土類金属は、すべて遷移元素である。
② 典型元素には、両性を示す金属が含まれる。
③ 遷移元素は、すべて金属元素である。
④ 典型元素では、周期表の左下に位置する元素ほど陽性が強い。
⑤ 遷移元素には、複数の酸化数をとるものがある。　　　　　　　(18 センター本試 改)

✓ **123** 周期表 **2分**　図に示した周期表の元素**ア〜サ**に関する記述として**誤りを含むもの**を、下の①〜⑤のうちから一つ選べ。

族\周期	1	2	3〜12	13	14	15	16	17	18
1									
2				ア	イ				
3		ウ		エ	オ	カ	キ	ク	
4		ケ						コ	
5								サ	

① **ア**は非金属元素であり、**エ**は金属元素である。
② **イ**の単体は、**オ**の単体と同じような原子配列をした共有結合の結晶となりうる。
③ **ウ**および**ケ**の硫酸塩は、どちらも水に難溶性である。
④ **カ**および**キ**の酸化物を水に加えると、いずれの場合も酸性水溶液が得られる。
⑤ **ク**、**コ**、**サ**のそれぞれと銀のみからなる 1 : 1 の組成の化合物は、いずれも水に難溶性である。
　　　　　　　(16 センター本試)

✓ **124** 貴ガス **1分**　貴ガスに関する記述として**誤りを含むもの**を、次の①〜⑤のうちから一つ選べ。

① 貴ガスの単体は、すべて単原子分子である。
② 大気中に最も多く存在する貴ガスは、ヘリウムである。
③ ヘリウムは、空気より軽い。
④ ネオンのイオン化エネルギーは、アルゴンのイオン化エネルギーより大きい。
⑤ アルゴンは、電球の封入ガスに用いられる。　　　　　　　(13 センター追試 改)

✓ **125** 水素 **1分**　水素に関する記述として**誤りを含むもの**を、次の①〜⑥のうちから一つ選べ。

① 水に溶けにくい。
② 高温で多くの金属の酸化物を還元することができる。
③ アンモニアの工業的合成の原料に用いられる。
④ 酸素との混合気体に点火すると爆発的に反応して水ができる。
⑤ 酸化亜鉛に塩酸を加えると発生する。
⑥ 燃料電池の燃料として用いられる。　　　　　　　(16 センター本試)

126 ハロゲンの単体と化合物 [1分] ☆☆☆

ハロゲンの単体および化合物に関する記述として正しいものを、次の①～⑤のうちから一つ選べ。

① 臭素とヨウ素は、どちらも常温・常圧で液体である。
② ヨウ化カリウム水溶液に塩素を通すと、褐色の水溶液になる。
③ ハロゲンの単体は、いずれも常温・常圧で水と反応して酸素を発生する。
④ フッ化水素の水溶液は、ハロゲン化水素の水溶液の中で最も強い酸性を示す。
⑤ フッ化水素は、ハロゲン化水素の中で最も沸点が低い。

(05 センター本試 改)

127 塩素 [2分] ☆☆☆

乾燥した塩素を得るために、図に示した a（発生部）、b（精製部）、c（捕集部）の中から必要な装置を一つずつ選び、連結した。その装置の組合せとして正しいものを、次の①～⑧のうちから一つ選べ。

	a	b	c
①	ア	オ	ケ
②	ア	キ	コ
③	イ	オ	ク
④	イ	カ	コ
⑤	ウ	カ	ク
⑥	ウ	キ	ケ
⑦	エ	オ	ケ
⑧	エ	カ	コ

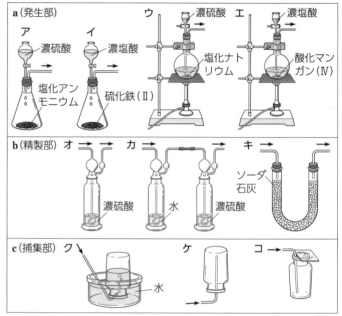

(00 センター本試)

128 気体の性質 [1分] ☆☆☆

図の装置を用いて、塩化ナトリウムに硫酸を加えて加熱し、発生した気体を集気びんに集めた。この実験に関連する記述として正しいものを、次の①～⑤うちから一つ選べ。

① 集気びんに集められた気体は、無色・無臭である。
② 湿らせたヨウ化カリウムデンプン紙を集気びんに入れると、紙は青紫色になる。
③ 湿らせた赤色リトマス紙を集気びんに入れると、紙は青色になる。
④ 湿らせた赤色リトマス紙を集気びんに入れると、紙は漂白される。
⑤ 塩化ナトリウムの代わりに塩化カリウムを用いても、同じ気体が発生する。

(07 センター本試)

129 オゾン [1分] ☆☆

オゾンに関する記述について**誤りを含むもの**を、次の①～⑤のうちから一つ選べ。

① 酸素の同素体である。
② 湿ったヨウ化カリウムデンプン紙を青変させる。
③ 無色・無臭の気体である。
④ 酸素に紫外線を照射すると生成する。
⑤ 酸素の中で放電すると生成する。

(00 センター本試)

130 ☆☆ **オキソ酸** 1分　硫酸 H_2SO_4 のように分子中に酸素原子を含む無機の酸をオキソ酸という。オキソ酸に関する記述として**誤りを含むもの**を、次の①〜⑤のうちから一つ選べ。

① 酸化数 +1 の塩素原子 1 個を含むオキソ酸は、強い酸化作用を示す。
② 酸化数 +4 の炭素原子 1 個を含むオキソ酸は、弱酸である。
③ 酸化数 +5 の窒素原子 1 個を含むオキソ酸は、強い酸化作用を示す。
④ 酸化数 +5 のリン原子 1 個を含むオキソ酸は、2 価の酸である。
⑤ 酸化数 +6 の硫黄原子 1 個を含むオキソ酸は、強酸である。　　　　　　(09　センター本試)

131 ☆☆☆ **硫黄の化合物** 1分　硫黄の化合物に関連する記述として**誤りを含むもの**を、次の①〜⑦のうちから一つ選べ。

① 三酸化硫黄は、触媒を用いて二酸化硫黄を酸素と反応させることにより得られる。
② 二酸化硫黄と硫化水素の反応では、二酸化硫黄が酸化剤として働く。
③ 亜硫酸水素ナトリウムと希硫酸の反応により、二酸化硫黄が発生する。
④ 硫化水素は、ヨウ素によって還元される。
⑤ 硫化水素は、2 価の弱酸である。
⑥ 濃硫酸を加えると、スクロース(ショ糖)は黒くなる。
⑦ 濃硫酸を水に加えると、多量の熱が発生する。　　　　　　(13　センター本試　改)

132 ☆☆☆ **濃硫酸** 1分　次の実験Ⅰ・実験Ⅱは、濃硫酸の酸としての性質に加えて、それぞれどのような性質を利用しているか。性質の組合せとして最も適当なものを、右の①〜⑥のうちから一つ選べ。

実験Ⅰ　濃硫酸を銅片に加えて加熱すると、気体が発生して銅片が溶けた。
実験Ⅱ　塩化水素を得るために、濃硫酸を塩化ナトリウムに加えて加熱した。　　　　　　(14　センター本試)

	実験Ⅰ	実験Ⅱ
①	酸化作用	不揮発性
②	酸化作用	脱水作用
③	酸化作用	酸化作用
④	不揮発性	不揮発性
⑤	不揮発性	脱水作用
⑥	不揮発性	酸化作用

133 ☆☆ **硝酸** 3分　次の問い(**a** ・ **b**)に答えよ。

a アンモニアから硝酸を製造する方法(オストワルト法)に関連する記述として**誤りを含むもの**を、次の①〜⑤のうちから一つ選べ。

① NO は、白金を触媒として NH_3 と O_2 を反応させてつくられる。
② NO は、水に溶けやすい気体である。
③ NO_2 は、NO を O_2 と反応させてつくられる。
④ NO_2 と H_2O の反応で生成する HNO_3 と NO の物質量の比は、2:1 である。
⑤ NO_2 と H_2O の反応で生じた NO は、再利用される。　　　　　　(12　センター本試)

b 1000 mol のアンモニアを完全に硝酸に変換したとき得られる質量パーセント濃度63%の硝酸の質量は何 kg か。最も適当な数値を次の①〜⑥のうちから一つ選べ。

① 63　　② 75　　③ 100　　④ 126　　⑤ 150　　⑥ 200　　　　　　(06　センター追試)

☑ **134** ☆☆☆ **アンモニア** 〈1分〉 図のような装置を用いた
アンモニアの発生実験に関する記述として**誤りを含むもの**を、次の①～⑥のうちから一つ選べ。

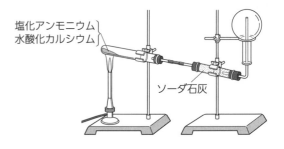

塩化アンモニウム
水酸化カルシウム
ソーダ石灰

① 塩化アンモニウムと水酸化カルシウムのかわりに、硫酸アンモニウムと水酸化ナトリウムを用いても、アンモニアを発生させることができる。

② 試験管の口をやや下向きにしておくのは、同時に生成する水が加熱部に戻らないようにするためである。

③ ソーダ石灰のかわりに、洗気びんに入れた濃硫酸を乾燥剤として用いてもよい。

④ アンモニアは、空気より軽く水溶性なので、上方置換で捕集する。

⑤ 発生したアンモニアは、水で湿らせたリトマス紙で検出できる。

⑥ アンモニアの検出には、濃塩酸を近づけて白煙が生じるのを見るとよい。

(01 センター本試 改)

☑ **135** ☆☆ **リン** 〈1分〉 リンに関連する記述として**誤りを含むもの**を、次の①～⑤のうちから一つ選べ。

① リン酸のリン原子の酸化数は、+3である。

② 十酸化四リンは、塩化水素など酸性の気体の乾燥に適している。

③ 過リン酸石灰は、肥料として用いられる。

④ 黄リンは、空気中で自然発火する。

⑤ リンは生命活動に必須の元素で、DNAに含まれている。

(22 共通テスト追試)

☑ **136** ☆☆☆ **一酸化炭素と二酸化炭素** 〈1分〉 一酸化炭素および二酸化炭素に関する記述として**誤りを含むもの**を、次の①～⑤のうちから一つ選べ。

① 鍾乳洞は、石灰石が存在する地域で、水と二酸化炭素の作用によってできる。

② 一酸化炭素は、メタノールを合成するときの原料になる。

③ 一酸化炭素は、強い酸化力をもつ。

④ 一酸化炭素は、強い毒性をもつ。

⑤ 二酸化炭素は、炭酸ナトリウムに希塩酸を加えると得られる。

(09 センター追試 改)

☑ **137** ☆☆☆ **ケイ素とその化合物** 〈1分〉 ケイ素とその化合物について、**誤りを含む記述**を、次の①～⑥のうちから一つ選べ。

① ケイ素は、岩石や鉱物を構成する元素として、地殻中に酸素に次いで多く存在する。

② ケイ素原子は4個の価電子をもつ。

③ ケイ素の結晶は、ダイヤモンドと同様の結晶構造をもつ。

④ ケイ素の結晶は、半導体の性質を示す。

⑤ 水晶は二酸化ケイ素の結晶である。

⑥ シリカゲルは、水ガラスを加熱して乾燥すると得られる。

(10 センター追試)

138 薬品の保存 <small>1分</small>　化学薬品の性質とその保存方法に関する記述として**誤りを含むもの**を、次の①～⑤のうちから一つ選べ。

① フッ化水素酸はガラスを腐食するため、ポリエチレンのびんに保存する。

② 水酸化ナトリウムは潮解するため、密閉して保存する。

③ ナトリウムは空気中の酸素や水と反応するため、エタノール中に保存する。

④ 黄リンは空気中で自然発火するため、水中に保存する。

⑤ 濃硝酸は光で分解するため、褐色のびんに保存する。　　　　　　（12　センター本試）

139 気体発生の実験 <small>1分</small>　次の実験**ア**～**ウ**のそれぞれに適した装置は、図に示す**A**～**D**のどれか。実験と装置の組合せとして最も適当なものを、下の①～⑥のうちから一つ選べ。

ア 亜硝酸アンモニウム水溶液から窒素を発生させる。

イ 塩化ナトリウムと濃硫酸から塩化水素を発生させる。

ウ 炭酸水素ナトリウムから二酸化炭素を発生させる。

	ア	イ	ウ
①	A	B	C
②	B	A	D
③	C	A	D
④	A	C	D
⑤	B	D	A
⑥	D	C	B

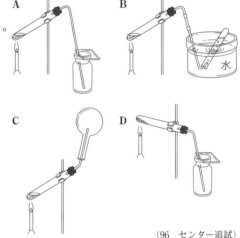

（96　センター追試）

140 下方置換 <small>1分</small>　図は、固体Aと液体Bを混合することにより発生する気体を下方置換で捕集する装置である。この装置を使って気体を捕集するとき、反応させる固体Aと液体Bおよび発生する気体Cの組合せとして最も適当なものを、次の①～⑤のうちから一つ選べ。

	固体A	液体B	気体C
①	銅	濃硝酸	一酸化窒素
②	さらし粉	希塩酸	塩素
③	炭化カルシウム	水	アセチレン
④	塩化アンモニウム	水酸化カルシウム水溶液	アンモニア
⑤	亜硫酸ナトリウム	水酸化ナトリウム水溶液	二酸化硫黄

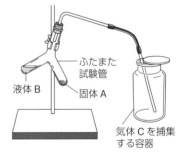

（18　センター追試）

141 水上置換 <small>1分</small>　表に示す2種類の薬品の反応によって発生する気体**ア**～**オ**のうち、水上置換で**捕集できないもの**の組合せを、次の①～⑤のうちから一つ選べ。

① アとイ　　② イとウ　　③ ウとエ

④ エとオ　　⑤ アとオ

（15　センター追試）

2種類の薬品	発生する気体
Al、水酸化ナトリウム水溶液	ア
CaF_2、濃硫酸	イ
FeS、希硫酸	ウ
$KClO_3$、MnO_2	エ
Zn、希塩酸	オ

活用問題

142 反応の類似性 **2分** 塩化水素を含む「酸性タイプ」の洗浄剤と、次亜塩素酸ナトリウム NaClO を含む「まぜるな危険 塩素系」の表示のある洗浄剤を混合してはいけない。これは、式(1)のように弱酸である次亜塩素酸 HClO が生成し、さらに式(2)のように次亜塩素酸が塩酸と反応して、有毒な塩素が発生するためである。

$$NaClO + HCl \longrightarrow NaCl + HClO \qquad (1)$$
$$HClO + HCl \longrightarrow Cl_2 + H_2O \qquad (2)$$

式(1)の反応と類似性が最も高い反応は**あ～う**のうちのどれか。またその反応を選んだ根拠となる類似性は**a**、**b**のどちらか。反応と類似性の組合せとして最も適当なものを下の①～⑥のうちから一つ選べ。

【反応】 **あ** 過酸化水素水に酸化マンガン(Ⅳ)を加えると気体が発生した。

い 酢酸ナトリウムに希硫酸を加えると刺激臭がした。

う 亜鉛に希塩酸を加えると気体が発生した。

【類似性】 **a** 弱酸の塩と強酸の反応である。

b 酸化還元反応である。

	反応	類似性
①	あ	a
②	あ	b
③	い	a
④	い	b
⑤	う	a
⑥	う	b

(18 プレテスト〔化学基礎〕改)

143 二硫化炭素の燃焼 **2分** 二硫化炭素 CS_2 を空気中で燃焼させると、式(1)のように反応した。

$$CS_2 + 3O_2 \longrightarrow \boxed{ア} + 2\boxed{イ} \qquad (1)$$

この生成物**イ**は、亜硫酸ナトリウムと希硫酸との反応でも生成する。また、CS_2 を水とともに150℃以上に加熱すると、式(2)の反応がおこる。

$$CS_2 + 2H_2O \longrightarrow CO_2 + 2H_2S \qquad (2)$$

式(2)の反応では、各原子の酸化数が変化しないので、これは酸化還元反応ではない。

問1 式(1)の $\boxed{ア}$、$\boxed{イ}$ にあてはまる化学式として最も適当なものを、次の①～⑥のうちからそれぞれ一つずつ選べ。

① C ② CO ③ CO_2 ④ S ⑤ SO_2 ⑥ SO_3

問2 式(2)の反応と同様に、**酸化還元反応でないもの**を、次の①～④のうちから一つ選べ。

① $2Na + 2H_2O \longrightarrow 2NaOH + H_2$

② $CaO + H_2O \longrightarrow Ca(OH)_2$

③ $3NO_2 + H_2O \longrightarrow 2HNO_3 + NO$

④ $CO + H_2O \longrightarrow H_2 + CO_2$

(18 プレテスト)

9 金属元素の単体と化合物

1 1族元素の単体と化合物

①**アルカリ金属**　Hを除く1族元素。価電子を1個もち、1価の陽イオンになりやすい。

　性質　①水と激しく反応し、水素 H_2 を発生する。②水や空気中の酸素と反応するので $(^ア\ \ \ \ \ \ )$ 中に保存する。③炎色反応を示す。　Li：$(^イ\ \ \ \ \ )$ 色　Na：黄色　K：赤紫色

　製法　単体はその化合物の溶融塩電解によって得られる。

②**ナトリウムの化合物**

水酸化ナトリウム NaOH…水によく溶け、水溶液は強塩基性を示す。空気中の水蒸気を吸収する $(^ウ\ \ \ \ \ )$ 性がある。

炭酸ナトリウム Na_2CO_3…水溶液は塩基性を示す。炭酸ナトリウム十水和物 $Na_2CO_3 \cdot 10H_2O$ は、風解して、結晶水の一部を失い、$Na_2CO_3 \cdot H_2O$ に変化する。

　工業的製法　$(^エ\ \ \ \ \ \ \ \ \ \ \ \ \ )$ 法（ソルベー法）

　　①$NaCl + H_2O + NH_3 + CO_2 \longrightarrow NaHCO_3 + NH_4Cl$　　②$2NaHCO_3 \longrightarrow Na_2CO_3 + H_2O + CO_2$

2 2族元素の単体とその化合物

①**アルカリ土類金属**　2族元素。価電子を2個もち、2価の陽イオンになりやすい。次の元素は炎色反応を示す。　Ca：橙赤色　Sr：赤色　Ba：黄緑色

	単体と水の反応	炭酸塩	硫酸塩
Mg	熱水と反応する	水に溶けにくい	水によく溶ける
Ca、Sr、Ba	常温で水と反応する	水に溶けにくい	水に溶けにくい

②**カルシウムの化合物**

水酸化カルシウム $Ca(OH)_2$…水溶液は強塩基性を示す。CO_2 と反応し $(^オ\ \ \ \ \ )$ 色沈殿を生じる。

　$Ca(OH)_2 + CO_2 \longrightarrow CaCO_3 + H_2O$

炭酸カルシウム $CaCO_3$…水溶液中で過剰の CO_2 と反応して溶解する。

　$CaCO_3 + CO_2 + H_2O \longrightarrow Ca(HCO_3)_2$

3 両性を示す金属の単体と化合物

①**両性金属**　Al、Zn、Sn、Pb などの単体は酸とも強塩基とも反応する。Zn は遷移元素である。

　$2Al + 6HCl \longrightarrow 2AlCl_3 + 3H_2$　　　　$2Al + 2NaOH + 6H_2O \longrightarrow 2Na[Al(OH)_4] + 3H_2$

アルミニウム Al	両性金属であるが、濃硝酸には不動態を形成するため、溶けない。 製法　酸化アルミニウム Al_2O_3（アルミナ）の溶融塩電解によって得られる。
亜鉛 Zn	トタン（鋼板に Zn をめっき）、黄銅（Cu と Zn の合金）に用いられる。
スズ Sn	青銅（Cu と Sn の合金）、ブリキ（鋼板に Sn をめっき）に用いられる。
鉛 Pb	両性金属であるが、塩酸や希硫酸にはほとんど溶けない。$PbCl_2$ は熱水に溶ける。

②**両性金属の化合物**

両性酸化物…酸化アルミニウム Al_2O_3 や、酸化亜鉛 ZnO は、酸とも塩基とも反応する。

　$Al_2O_3 + 6HCl \longrightarrow 2AlCl_3 + 3H_2O$　　　　$Al_2O_3 + 2NaOH + 3H_2O \longrightarrow 2(^カ\ \ \ \ \ \ \ \ \ \ \ \ \ \ \ \ )$

両性水酸化物…水酸化アルミニウム $Al(OH)_3$ や水酸化亜鉛 $Zn(OH)_2$ は、酸とも塩基とも反応する。

　$Al(OH)_3 + 3HCl \longrightarrow AlCl_3 + 3H_2O$　　　$Al(OH)_3 + NaOH \longrightarrow Na[Al(OH)_4]$

ミョウバン $AlK(SO_4)_2 \cdot 12H_2O$…硫酸アルミニウム $Al_2(SO_4)_3$ と硫酸カリウム K_2SO_4 の複塩。

4 遷移元素の単体と化合物

①**遷移元素**　周期表の 3 ～12 族に位置する金属元素。　[特徴]　①単体の融点が〔ᵏ 高・低 〕い

②複数の酸化数をもつ　③錯イオンをつくる　④化合物やイオンは有色のものが多い

②**鉄 Fe・銅 Cu・銀 Ag**

鉄 Fe	塩酸や希硫酸に溶けるが、濃硝酸には不動態をつくり、溶けない。 [製法]　溶鉱炉で鉄鉱石を還元　$Fe_2O_3 + 3CO \longrightarrow 2Fe + 3CO_2$
銅 Cu	希硝酸とは NO、濃硝酸とは NO_2、熱濃硫酸とは SO_2 を発生して溶ける。 [製法]　黄銅鉱から得られる粗銅を、（ᵏ　　　　　　）することによって得られる。
銀 Ag	塩酸や希硫酸とは反応せず、硝酸や熱濃硫酸には反応して溶ける。

鉄イオンの反応

試薬	NaOH または NH_3	$K_4[Fe(CN)_6]$	$K_3[Fe(CN)_6]$	KSCN
Fe^{2+} 淡緑色水溶液	緑白色沈殿	青白色沈殿	ᵏ　　　色沈殿	―
Fe^{3+} 黄褐色水溶液	赤褐色沈殿	濃青色沈殿	暗褐色水溶液	ᶜ　　　色水溶液

ハロゲン化銀…フッ化銀 AgF 以外は水に難溶。光によって分解する感光性を示す。

AgCl（白色）、AgBr（ˢ　　　　色 ）、ヨウ化銀 AgI（黄色）

③**クロムの化合物**

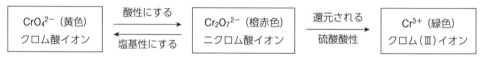

④**マンガンの化合物**　過マンガン酸カリウム $KMnO_4$ は硫酸酸性で強い酸化剤として作用する。

$$MnO_4^- + 8H^+ + 5e^- \longrightarrow Mn^{2+} + 4H_2O$$

⑤**金属イオンの沈殿反応**

試薬 ＼ 金属イオン	Al^{3+} 無色	Zn^{2+} 無色	Pb^{2+} 無色	Fe^{3+} 黄褐色	Cu^{2+} 青色	Ag^+ 無色
HCl	―	―	$PbCl_2$ （ˢᵉ　）色沈殿	―	―	AgCl 白色沈殿
少量の NaOHaq	$Al(OH)_3$ 白色沈殿	$Zn(OH)_2$ 白色沈殿	$Pb(OH)_2$ 白色沈殿	（ˢᵒ　　　） 赤褐色沈殿	$Cu(OH)_2$ 青白色沈殿	Ag_2O 褐色沈殿
過剰の NaOHaq	$[Al(OH)_4]^-$ 無色	$[Zn(OH)_4]^{2-}$ 無色	$[Pb(OH)_4]^{2-}$ 無色	水酸化鉄（Ⅲ） 赤褐色沈殿	$Cu(OH)_2$ 青白色沈殿	Ag_2O 褐色沈殿
少量の NH_3aq	$Al(OH)_3$ 白色沈殿	$Zn(OH)_2$ 白色沈殿	$Pb(OH)_2$ 白色沈殿	水酸化鉄（Ⅲ） 赤褐色沈殿	$Cu(OH)_2$ 青白色沈殿	Ag_2O 褐色沈殿
過剰の NH_3aq	（ˢ　　　） 白色沈殿	$[Zn(NH_3)_4]^{2+}$ 無色	$Pb(OH)_2$ 白色沈殿	水酸化鉄（Ⅲ） 赤褐色沈殿	（ᵗ　　　　） 深青色水溶液	（ᵗʰ　　　） 無色
H_2S（酸性）	―	―	PbS 黒色沈殿	Fe^{2+} 淡緑色水溶液	CuS 黒色沈殿	Ag_2S 黒色沈殿
H_2S（塩基性）	$Al(OH)_3$ 硫化物は生じない	（ˢ　）色沈殿 ZnS	PbS 黒色沈殿	FeS 黒色沈殿	CuS 黒色沈殿	Ag_2S 黒色沈殿

[共通テスト攻略の Point！]

1 族はナトリウム、2 族はカルシウム、遷移元素は、鉄、銅、銀を中心に整理する。錯イオンの生成や溶液の色、沈殿反応も正確に把握しておく。

金属イオンの分離方法についても理解しておく。

アルカリ金属およびアルカリ土類金属の炭酸塩 関連問題 ➡ 149

アルカリ金属およびアルカリ土類金属の炭酸塩に関する記述として**誤りを含むもの**を、次の①～⑤のうちから一つ選べ。

① $Na_2CO_3 \cdot 10H_2O$ を乾いた空気中に放置すると、水和水の一部が失われる。

② $NaHCO_3$ を空気中に放置すると、Na_2CO_3 を生じる。

③ KOH を空気中に放置すると、K_2CO_3 を生じる。

④ $CaCO_3$ の沈殿を含む水溶液に CO_2 を吹き込むと、沈殿は $Ca(HCO_3)_2$ となって溶ける。

⑤ $CaCO_3$ を強熱すると、分解して CO_2 を生じる。

(07 センター追試)

解説

① **正** 水和水（結晶水）の一部が失われ $Na_2CO_3 \cdot H_2O$ が生じる。これを**風解**という。

② **誤** $NaHCO_3$ は熱分解すると Na_2CO_3 と CO_2 と H_2O を生じる。
$$2NaHCO_3 \longrightarrow Na_2CO_3 + CO_2 + H_2O$$
常温では $NaHCO_3$ から Na_2CO_3 に変化しない。

③ **正** KOH は、空気中の CO_2 と反応して、K_2CO_3 を生じる。
$$2KOH + CO_2 \longrightarrow K_2CO_3 + H_2O$$

④ **正** $CaCO_3$ は難溶性であるが、CO_2 を含む水には溶ける。
$$CaCO_3 + H_2O + CO_2 \longrightarrow Ca(HCO_3)_2$$

⑤ **正** $CaCO_3$ を強熱すると、分解して CaO と CO_2 を生じる。
$$CaCO_3 \longrightarrow CaO + CO_2$$

CHECK POINT

Na_2CO_3、$NaHCO_3$ はともに水溶液は塩基性を示す。また、酸と反応して CO_2 を発生する。

解答 ②

必修例題 **17** **遷移元素** 関連問題 ➡ 156

遷移元素に関する記述として**誤りを含むもの**を、次の①～⑤のうちから一つ選べ。

① ほかのイオンや分子と結合した錯イオンを形成するものが多い。

② イオンや化合物は、有色のものが多い。

③ 原子の最外殻電子の数は、族の番号に一致する。

④ 融点が高く、密度が大きい単体が多い。

⑤ 酸化数 +6 以上の原子を含む化合物が存在する。

(16 センター追試 改)

解説

① **正** $[Cu(NH_3)_4]^{2+}$ や $[Fe(CN)_6]^{3-}$ など、さまざまな錯イオンを形成する。

② **正** Fe^{2+} は淡緑色、Fe^{3+} は黄褐色など、イオンや化合物は、有色のものが多い。

③ **誤** 最外殻電子の数は、1 または 2 である。

④ **正** 融点が高く、密度が大きい単体が多い。

⑤ **正** $KMnO_4$ のマンガンの酸化数 +7、$K_2Cr_2O_7$ のクロムの酸化数 +6 など、酸化数 +6 以上の原子を含む化合物が存在する。

CHECK POINT

遷移元素はすべて金属元素であり、高融点のものが多い。

$FeSO_4$（淡緑）、$FeCl_3$（黄褐）、$CuSO_4$（青）、$KMnO_4$（黒紫）、$K_2Cr_2O_7$（赤橙）など。

解答 ③

第Ⅲ章 無機物質

73

✓ **144** ☆☆☆ **ナトリウムの単体** 1分　ナトリウムの単体に関する次の記述（a ～ c）について、正誤の組合せとして正しいものを、右の①～⑧のうちから一つ選べ。

a　融解した塩化ナトリウムを電気分解すると得られる。

b　常温で水と激しく反応して、酸素を発生する。

c　空気中では表面がすみやかに酸化され、金属光沢を失う。

（07　センター本試）

	a	b	c
①	正	正	正
②	正	正	誤
③	正	誤	正
④	正	誤	誤
⑤	誤	正	正
⑥	誤	正	誤
⑦	誤	誤	正
⑧	誤	誤	誤

✓ **145** ☆☆☆ **2族元素** 1分　2族元素（ただし、ベリリウムとマグネシウムを除く）に関する記述として**誤りを含むもの**を、次の①～⑤のうちから一つ選べ。

① 酸化物は、両性酸化物である。

② 単体は、水と反応して水素を発生する。

③ 典型元素である。

④ 2価の陽イオンになりやすい。

⑤ 硫酸塩は、水に対する溶解度が小さい。

（15　センター追試）

✓ **146** ☆☆☆ **アルミニウムと亜鉛** 1分　亜鉛またはアルミニウムの**どちらか一方のみ**にあてはまる記述を、次の①～④のうちから一つ選べ。

① 単体は、水酸化ナトリウム水溶液と希塩酸のどちらにも溶ける。

② 単体を空気中で強熱すると、酸化物が生成する。

③ 単体が高温の水蒸気と反応すると、水素が発生する。

④ 陽イオンを含む水溶液にアンモニア水を加えていくと、白い沈殿が生じるが、さらに加えるとその沈殿が溶ける。

（14　センター本試）

✓ **147** ☆ **塩の推定** 1分　AlK(SO$_4$)$_2$・12H$_2$O と NaCl はどちらも無色の試薬である。それぞれの水溶液に対して次の**操作ア～エ**を行うとき、この二つの試薬を**区別することができない操作**はどれか。最も適当なものを、後の①～④のうちから一つ選べ。

操作　ア　アンモニア水を加える。

　　　イ　臭化カルシウム水溶液を加える。

　　　ウ　フェノールフタレイン溶液を加える。

　　　エ　陽極と陰極に白金板を用いて電気分解を行う。

① ア　　　② イ　　　③ ウ　　　④ エ

（22　共通テスト本試）

74

☑ **148** ☆☆ 金属の性質 ◀1分▶　二つの元素に共通する性質として**誤りを含むもの**を、次の①～⑤のうちから一つ選べ。

	二つの元素	共通する性質
①	K、Sr	炎色反応を示す
②	Sn、Ba	＋2の酸化数をとりうる
③	Fe、Ag	硫化物は黒色である
④	Na、Ca	炭酸塩は水によく溶ける
⑤	Al、Zn	酸化物の粉末は白色である

(15　センター本試)

☑ **149** ☆☆ 化合物の加熱による変化 ◀1分▶　化合物を加熱したときの変化に関する記述として**誤りを含むもの**を、次の①～⑤のうちから一つ選べ。

① $Cu(OH)_2$ を加熱すると、黒色の CuO が生成する。

② $CuSO_4 \cdot 5H_2O$ を加熱すると、白色の $CuSO_4$ が生成する。

③ $CaSO_4 \cdot 2H_2O$ を加熱すると、焼きセッコウ $CaSO_4 \cdot \frac{1}{2}H_2O$ が生成する。

④ $CaCO_3$ を加熱すると、二酸化炭素が発生して生石灰 CaO が生成する。

⑤ $NaHCO_3$ を加熱すると、水素が発生して Na_2CO_3 が生成する。

(11　センター本試)

☑ **150** ☆☆☆ アンモニアソーダ法 ◀2分▶　図は、アンモニアソーダ法によって炭酸ナトリウムと塩化カルシウムを製造する過程を示したものである。図に関する記述として**誤りを含むもの**を、次の①～⑤のうちから一つ選べ。ただし、発生する化合物Ａと化合物Ｂは、すべて回収され、再利用されるものとする。

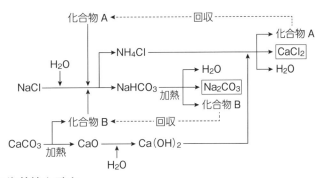

① 化合物Ａは水によく溶け、水溶液は塩基性を示す。

② 化合物Ｂを $Ca(OH)_2$ 水溶液（石灰水）に通じると白濁する。

③ $NaCl$ 飽和水溶液に化合物Ａと化合物Ｂを加えると、$NaHCO_3$ が沈殿する。

④ 図の製造過程において化合物Ａと NH_4Cl の物質量の合計は変化しない。

⑤ 図の製造過程において必要な $CaCO_3$ と $NaCl$ の物質量は等しい。

(12　センター本試)

☑ **151** ☆☆☆ 金属と酸の反応 ◀1分▶　金属と酸の反応に関する記述として**誤りを含むもの**を、次の①～⑤のうちから一つ選べ。

① アルミニウムは、希硝酸に溶ける。

② 鉄は、希硝酸に溶けるが、濃硝酸には溶けない。

③ 亜鉛は、希硫酸と希塩酸のいずれにも溶ける。

④ 銀は、熱濃硫酸に溶ける。

⑤ 金は、希硝酸に溶けないが、濃硝酸には溶ける。

(11　センター本試　改)

第Ⅲ章　無機物質

75

☑ **152** 酸化物の性質 `1分` 身のまわりにある酸化物に関連する記述のうち下線部に**誤りを含むもの**を、次の①〜⑤のうちから一つ選べ。

① 酸化マンガン(IV)は、マンガン乾電池の負極に用いられる。
② 酸化亜鉛は、白色の絵具に用いられる。
③ アルミニウム製の鍋の表面は、不動態になるように加工されている。
④ 乾燥剤に使われる生石灰は、水と反応して発熱する。
⑤ 水晶は、ケイ素と酸素からなる共有結合の結晶である。 (14 センター追試)

☑ **153** 銅の性質 `1分` 銅に関する記述として下線部に**誤りを含むもの**を、次の①〜⑤のうちから一つ選べ。

① 銅は、熱濃硫酸と反応して溶ける。
② 銅は、湿った空気中では緑色のさびを生じる。
③ 青銅は、銅と銀の合金であり、美術工芸品などに用いられる。
④ 黄銅は、銅と亜鉛の合金であり、5円硬貨などに用いられる。
⑤ 水酸化銅(II)を加熱すると、酸化銅(II)に変化する。 (15 センター本試)

☑ **154** 沈殿と溶解 `2分` 銅と亜鉛の合金である黄銅 20.0 g を酸化力のある酸で完全に溶かし、水溶液にした。この溶液が十分な酸性であることを確認した後、過剰の硫化水素を通じたところ、純粋な化合物の沈殿 19.2 g が得られた。この黄銅中の銅の含有率(質量パーセント)は何%か。最も適当な数値を、次の①〜⑧のうちから一つ選べ。

① 4.0 ② 7.7 ③ 13 ④ 36 ⑤ 38 ⑥ 61 ⑦ 64 ⑧ 96
(17 センター本試)

☑ **155** 銀の単体や化合物 `1分` 銀の単体と化合物に関する記述として**誤りを含むもの**を、次の①〜⑥のうちから一つ選べ。

① 銀を含む粗銅を電解精錬すると、銀は陽極の下に沈殿する。
② 臭化銀は、チオ硫酸ナトリウムの水溶液に溶ける。
③ 銀は濃硝酸に溶ける。
④ アンモニア性硝酸銀水溶液にホルムアルデヒド水溶液を加えて加熱すると、銀が析出する。
⑤ ハロゲン化銀に光をあてると分解し、銀が析出する。
⑥ 硝酸銀水溶液に水酸化ナトリウム水溶液を加えると、水酸化銀が沈殿する。 (15 センター本試)

☑ **156** 遷移元素の化合物 `1分` 遷移元素の化合物の水溶液に関する記述として下線部に**誤りを含むもの**を、次の①〜⑤のうちから一つ選べ。

① 過マンガン酸カリウム水溶液は、マンガン(II)イオンにもとづく赤紫色を示す。
② 硫酸銅(II)水溶液に水酸化ナトリウム水溶液を加えて塩基性にすると、水酸化銅(II)の青白色沈殿が生じる。
③ 塩化鉄(III)水溶液にアンモニア水を加えて塩基性にすると、水酸化鉄(III)の赤褐色沈殿が生じる。
④ クロム酸カリウム水溶液に硝酸鉛(II)水溶液を加えると、クロム酸鉛(II)の黄色沈殿が生じる。
⑤ 黄色のクロム酸カリウム水溶液に希硫酸を加えて酸性にすると、二クロム酸イオンが生成し赤橙色に変化する。 (07 センター本試 改)

☑ **157** ☆☆☆ **金属の性質** 1分　金属元素に関する記述として下線部に**誤りを含むもの**を、次の①～⑤のうちから一つ選べ。

① アルミニウムの単体は、Al^{3+} を含む水溶液の電気分解により得られる。
② AgCl や AgBr に光が当たると分解し Ag が析出する現象は、写真のフィルムなどに利用される。
③ 白金やニッケルは、触媒として利用されている。
④ 鉛は、放射線の遮蔽材として利用されている。
⑤ マグネシウムの単体は空気中で強熱すると明るい光を発して燃焼し、酸化マグネシウムを生じる。

(16　センター追試)

☑ **158** ☆☆☆ **金属の製錬** 1分　金属の製錬に関する記述として正しいものを、次の①～⑤のうちから二つ選べ。

① 溶鉱炉(高炉)の中で、鉄鉱石をコークス・石灰石とともに高温で加熱すると、銑鉄が生成する。
② 銅の製造では、銅の酸化物を主成分とした鉱石が主に使用される。
③ 銅鉱石を濃硫酸で処理すると、粗銅が得られる。
④ ボーキサイトから鉄などの不純物を除いて、純粋なアルミナを得る。
⑤ アルミナの溶融塩電解では、ヨウ化カリウムが溶媒として使われる。

(06　センター追試〔ⅠA〕　改)

☑ **159** ☆ **金属の製錬** 3分　銅と鉄と硫黄のみからなる鉱石 6.72kg に高温で空気を吹き込むと、反応が完全に進行し、銅、二酸化硫黄および酸化鉄のみが生成した。このとき、銅は 1.28kg 得られ、二酸化硫黄はセッコウ($CaSO_4 \cdot 2H_2O$、式量 172)17.2kg としてすべて回収された。鉱石中の銅と鉄の原子数の比(銅：鉄)として最も適当なものを、次の①～⑥のうちから一つ選べ。

① 1：1　② 1：2　③ 1：3　④ 2：1　⑤ 2：3　⑥ 3：1

(15　センター追試)

☑ **160** ☆☆☆ **沈殿と溶解** 2分　次の**ア～エ**に関する実験について、下の問い(**a・b**)に答えよ。

ア 硝酸銅(Ⅱ)水溶液　　　　**イ** 硝酸亜鉛水溶液
ウ 硝酸アルミニウム水溶液　**エ** 硝酸銀水溶液

a 水溶液**ア～エ**に水酸化ナトリウム水溶液を加えていくと沈殿を生じる。そこにさらに水酸化ナトリウム水溶液を加えると、その沈殿が完全に溶解する水溶液の組合せとして最も適当なものを、次の①～⑥のうちから一つ選べ。

① ア・イ　② ア・ウ　③ ア・エ　④ イ・ウ　⑤ イ・エ　⑥ ウ・エ

b 水溶液**ア～エ**にアンモニア水を加えていくと沈殿を生じる。そこにさらにアンモニア水を加えても沈殿が溶解しない水溶液として最も適当なものを、次の①～④のうちから一つ選べ。

① ア　② イ　③ ウ　④ エ

(03　センター本試)

☑ **161** ☆☆ **錯イオン** 1分　錯イオンに関する記述として下線部に**誤りを含むもの**を、次の①～⑤のうちから一つ選べ。

① 水酸化銅(Ⅱ) $Cu(OH)_2$ に過剰のアンモニア水を加えると、$[Cu(NH_3)_4]^{2+}$ が生成して深青色の水溶液になる。
② 酸化銀 Ag_2O に過剰のアンモニア水を加えると、$[Ag(NH_3)_2]^+$ が生成して無色の水溶液になる。
③ $[Fe(CN)_6]^{4-}$ を含む水溶液に Fe^{3+} を含む水溶液を加えると、濃青色の沈殿が生じる。
④ $[Zn(NH_3)_4]^{2+}$ の四つの配位子は、正方形の配置をとる。
⑤ $[Fe(CN)_6]^{3-}$ の六つの配位子は、正八面体形の配置をとる。

(19　センター本試)

☑ **162** ☆☆ **金属イオンの分離** 1分　次の**ア**および**イ**の3種類のイオンを含む各水溶液から、下線を引いたイオンのみを沈殿として分離したい。最も適当な方法を、下の①~④のうちから一つずつ選べ。ただし、同じものを選んでもよい。

  ア $\underline{Pb^{2+}}$、Fe^{2+}、Ca^{2+} **イ** Cu^{2+}、$\underline{Pb^{2+}}$、Al^{3+}

① 水酸化ナトリウム水溶液を過剰に加える。
② アンモニア水を過剰に加える。
③ 室温で希塩酸を加える。
④ アンモニア水を加えて塩基性にしたのち、硫化水素を通じる。

                   （16　センター追試）

☑ **163** ☆☆☆ **4種類の金属イオンの分離** 2分
Al^{3+}、Ba^{2+}、Fe^{3+}、Zn^{2+} を含む水溶液から、図の実験により各イオンをそれぞれ分離することができた。この実験に関する記述として**誤りを含むもの**を、下の①~⑥のうちから一つ選べ。

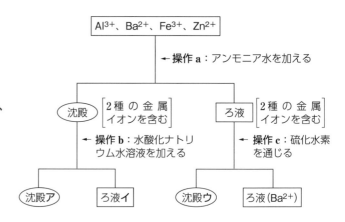

① 操作**a**では、アンモニア水を過剰に加える必要があった。
② 操作**b**では、水酸化ナトリウム水溶液を過剰に加える必要があった。
③ 操作**c**では、硫化水素を通じる前にろ液を酸性にする必要があった。
④ 沈殿**ア**を塩酸に溶かして $K_4[Fe(CN)_6]$ 水溶液を加えると、濃青色沈殿が生じる。
⑤ ろ液**イ**に塩酸を少しずつ加えていくと生じる沈殿は、両性水酸化物である。
⑥ 沈殿**ウ**は、白色である。

                   （16　センター本試）

☑ **164** ☆☆ **金属イオンの分離** 2分　3種類の塩 KCl、K_2SO_4、$K_4[Fe(CN)_6]$ の溶けた水溶液がある。図の**操作Ⅰ~Ⅲ**を行って、この水溶液に含まれる陰イオンを分離できた。沈殿**a~c**として分離できた陰イオンはそれぞれ何か。最も適当な組合せを、下の①~⑥のうちから一つ選べ。

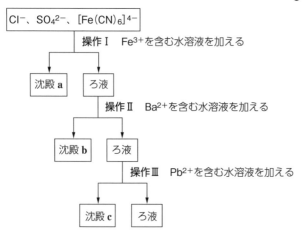

	分離できた陰イオン		
	沈殿 **a**	沈殿 **b**	沈殿 **c**
①	Cl^-	SO_4^{2-}	$[Fe(CN)_6]^{4-}$
②	Cl^-	$[Fe(CN)_6]^{4-}$	SO_4^{2-}
③	$[Fe(CN)_6]^{4-}$	Cl^-	SO_4^{2-}
④	$[Fe(CN)_6]^{4-}$	SO_4^{2-}	Cl^-
⑤	SO_4^{2-}	Cl^-	$[Fe(CN)_6]^{4-}$
⑥	SO_4^{2-}	$[Fe(CN)_6]^{4-}$	Cl^-

                   （14　センター追試）

活用問題

☑ **165** **沈殿の生成量** **3分**　硫酸銅(Ⅱ)と硫化水素との反応を調べるため、次の**操作Ⅰ・Ⅱ**を行った。

操作Ⅰ　10本の試験管A～Jに、10種類の異なる濃度の硫酸銅(Ⅱ)水溶液をそれぞれ10mL採取した。表に、各試験管中の硫酸銅(Ⅱ)の濃度を示した。

操作Ⅱ　0.05mol/Lの硫化水素水を調製し、上記の各試験管に10mLずつ加え、よくかき混ぜたところ、沈殿が生じた。この沈殿生成反応が完了した後、各試験管の水溶液中に沈殿せずに残っている銅(Ⅱ)イオンの濃度を求めた。

このとき、水溶液中の銅(Ⅱ)イオンの濃度を表すグラフとして最も適当なものを、次の①～⑥のうちから一つ選べ。ただし、グラフの棒が表示されていない場合は、銅(Ⅱ)イオンが検出されなかったことを示している。

試験管	A	B	C	D	E	F	G	H	I	J
硫酸銅(Ⅱ)の濃度〔mol/L〕	0.01	0.02	0.03	0.04	0.05	0.06	0.07	0.08	0.09	0.10

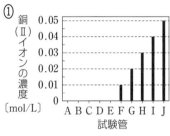
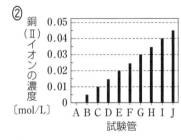
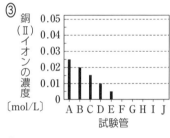
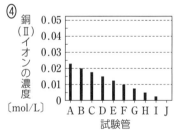
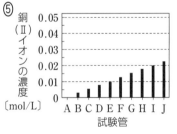
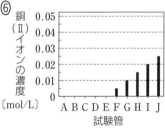

（17　センター追試）

☑ **166** **水和物の化学式** **3分**　金属Mの硫酸塩

$MSO_4 \cdot nH_2O$ について、水和水の数 n と金属Mを推定したい。$MSO_4 \cdot nH_2O$ を4.82gとり、温度を20℃から400℃まで上昇させながら質量の変化を記録したところ、段階的に水和水が失われたことを示す右の図の結果を得た。加熱前の化学式 $MSO_4 \cdot nH_2O$ として最も適当なものを、次の①～⑥のうちから一つ選べ。ただし、図中の n と m は7以下の整数であり、300℃以上で硫酸塩は完全に無水物(無水塩) MSO_4 に変化したものとする。

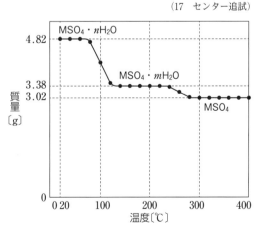

① $MgSO_4 \cdot 5H_2O$　② $MgSO_4 \cdot 7H_2O$　③ $MnSO_4 \cdot 4H_2O$

④ $MnSO_4 \cdot 5H_2O$　⑤ $NiSO_4 \cdot 4H_2O$　⑥ $NiSO_4 \cdot 7H_2O$

（18　センター本試）

☑ **167** 銅と亜鉛 〈2分〉 銅線をしっかりと巻き付けた鉄くぎをシャーレAに入れ、細い亜鉛板をしっかりと巻き付けた鉄くぎをシャーレBに入れた。次に、$K_3[Fe(CN)_6]$ とフェノールフタレイン溶液を溶かした温かい寒天水溶液をシャーレA、Bに注いだ。

数時間たつと、シャーレA、Bでそれぞれ色の変化が観察された。なお、寒天は、色の変化を見やすくするために入れてあり、反応には影響しない。

【シャーレAの観察結果】

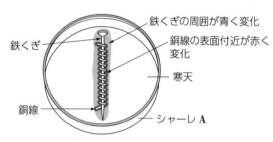

- 鉄くぎの周囲が青く変化
- 鉄くぎ
- 銅線の表面付近が赤く変化
- 寒天
- 銅線
- シャーレA

【シャーレBの観察結果】

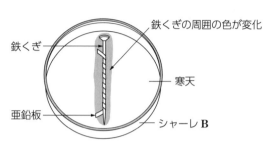

- 鉄くぎの周囲の色が変化
- 鉄くぎ
- 寒天
- 亜鉛板
- シャーレB

これらの結果に関する次の問い（**a・b**）に答えよ。

a シャーレAで色が青と赤に変化したのは、それぞれ何が生じたことによるものか。その組合せとして最も適当なものを、右の①〜④のうちから一つ選べ。

b シャーレBで色が変化した部分は何色になったか。最も適当なものを、次の①〜⑤のうちから一つ選べ。

① 赤 ② 青 ③ 黄 ④ 黒 ⑤ 緑

	青	赤
①	Fe^{2+}	Cu^{2+}
②	Fe^{2+}	OH^-
③	Fe^{3+}	Cu^{2+}
④	Fe^{3+}	OH^-

(15 センター本試)

☑ **168** 金属イオンの分離 〈3分〉 6種類の金属イオン Ag^+、Al^{3+}、Cu^{2+}、Fe^{3+}、K^+、Zn^{2+} のうち、いずれか4種類の金属イオンを含む水溶液**ア**がある。どの金属イオンが含まれているか調べるため、図のような実験を行った。その結果、4種類の金属イオンを1種類ずつ、沈殿A、沈殿B、沈殿D、およびろ液Eとして分離できた。次の問い（**a・b**）に答えよ。

a 6種類の金属イオンのうち、水溶液**ア**に**含まれていないもの**を、次の①〜⑥のうちから二つ選べ。

① Ag^+ ② Al^{3+} ③ Cu^{2+}
④ Fe^{3+} ⑤ K^+ ⑥ Zn^{2+}

b 沈殿Dに含まれている金属イオンを、次の①〜⑥のうちから一つ選べ。

① Ag^+ ② Al^{3+} ③ Cu^{2+} ④ Fe^{3+} ⑤ K^+ ⑥ Zn^{2+}

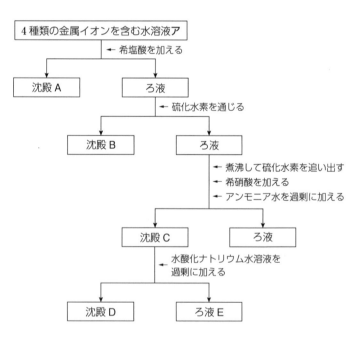

4種類の金属イオンを含む水溶液ア
← 希塩酸を加える
沈殿A ／ ろ液
← 硫化水素を通じる
沈殿B ／ ろ液
← 煮沸して硫化水素を追い出す
← 希硝酸を加える
← アンモニア水を過剰に加える
沈殿C ／ ろ液
← 水酸化ナトリウム水溶液を過剰に加える
沈殿D ／ ろ液E

(17 プレテスト)

169 **溶解度積** 4分　銀イオン Ag^+ と陰イオン X^-、Y^- がそれぞれ水溶液中で難溶性の塩 AgX、AgY を生成するとき、次の反応が進行すれば、AgY の水への溶解度積は AgX より小さいことがわかる。

$$AgX(固) + Y^-aq \longrightarrow X^-aq + AgY(固)$$

このことを用いて、$AgCl$、AgI、$AgSCN$ の溶解度積の大小関係を調べる次の**実験Ⅰ～Ⅲ**を行った。

実験Ⅰ　2本の試験管A、Bにそれぞれ、$Fe(NO_3)_3$ の水溶液をとった。溶液の色は黄褐色であった。

実験Ⅱ　試験管Aの水溶液に白色の $AgSCN$ の固体を加えた。さらに KI の水溶液を加え、よく振り混ぜて静置したところ、溶液の色は赤色になり、沈殿の色は黄色であった。

実験Ⅲ　試験管Bの水溶液に $AgCl$ の固体を加えた。さらに $KSCN$ の水溶液を加えたところ、溶液の色が赤くなったが、よく振り混ぜて静置したところ、溶液の色は黄褐色になり、沈殿の色は白色であった。

実験Ⅰ～Ⅲからわかる $AgCl$、AgI、$AgSCN$ の溶解度積の大小関係として最も適当なものを、次の①～⑥のうちから一つ選べ。

① $AgCl < AgI < AgSCN$　　② $AgCl < AgSCN < AgI$　　③ $AgI < AgSCN < AgCl$

④ $AgI < AgCl < AgSCN$　　⑤ $AgSCN < AgCl < AgI$　　⑥ $AgSCN < AgI < AgCl$

(20　センター追試)

---

170 **錯イオンの反応** 7分　次の化学反応式(1)に示すように、シュウ酸イオン $C_2O_4^{2-}$ を配位子として3個もつ鉄(Ⅲ)の錯イオン $[Fe(C_2O_4)_3]^{3-}$ の水溶液では、光をあてている間、反応が進行し、配位子を2個もつ鉄(Ⅱ)の錯イオン $[Fe(C_2O_4)_2]^{2-}$ が生成する。

$$2[Fe(C_2O_4)_3]^{3-} \xrightarrow{光} 2[Fe(C_2O_4)_2]^{2-} + C_2O_4^{2-} + 2CO_2 \qquad (1)$$

この反応で光を一定時間あてたとき、何%の $[Fe(C_2O_4)_3]^{3-}$ が $[Fe(C_2O_4)_2]^{2-}$ に変化するかを調べたいと考えた。そこで、式(1)にしたがって CO_2 に変化した $C_2O_4^{2-}$ の量から、変化した $[Fe(C_2O_4)_3]^{3-}$ の量を求める**実験Ⅰ～Ⅲ**を行った。この**実験**に関する次の問い(**a～c**)に答えよ。ただし、反応溶液の pH は**実験Ⅰ～Ⅲ**において適切に調整されているものとする。

実験Ⅰ　0.0109 mol の $[Fe(C_2O_4)_3]^{3-}$ を含む水溶液を透明なガラス容器に入れ、光を一定時間あてた。

実験Ⅱ　実験Ⅰで光をあてた溶液に、鉄の錯イオン $[Fe(C_2O_4)_3]^{3-}$ と $[Fe(C_2O_4)_2]^{2-}$ から $C_2O_4^{2-}$ を遊離(解離)させる試薬を加え、錯イオン中の $C_2O_4^{2-}$ を完全に遊離させた。さらに、Ca^{2+} を含む水溶液を加えて、溶液中に含まれるすべての $C_2O_4^{2-}$ をシュウ酸カルシウム CaC_2O_4 の水和物として完全に沈殿させた。この後、ろ過によりろ液と沈殿に分離し、さらに、沈殿を乾燥して4.38 gの $CaC_2O_4 \cdot H_2O$(式量146)を得た。

実験Ⅲ　実験Ⅱで得られたろ液に、(a)Fe^{2+} が含まれていることを確かめる操作を行った。

a　実験Ⅲの下線部(a)の操作として最も適当なものを、次の①～④のうちから一つ選べ。

① H_2S 水溶液を加える。　　　　② サリチル酸水溶液を加える。

③ $K_3[Fe(CN)_6]$ 水溶液を加える。　④ $KSCN$ 水溶液を加える。

b　1.0 mol の $[Fe(C_2O_4)_3]^{3-}$ が、式(1)にしたがって完全に反応するとき、酸化されて CO_2 になる $C_2O_4^{2-}$ の物質量は何 mol か。最も適当な数値を、次の①～④のうちから一つ選べ。

①　0.5　　　②　1.0　　　③　1.5　　　④　2.0

c　実験Ⅰにおいて、光をあてることにより、溶液中の $[Fe(C_2O_4)_3]^{3-}$ の何%が $[Fe(C_2O_4)_2]^{2-}$ に変化したか。最も適当な数値を、次の①～④のうちから一つ選べ。

①　12　　　②　16　　　③　25　　　④　50

(21　共通テスト)

10 脂肪族炭化水素

1 有機化合物の特徴

①構成元素は少ない（C、H、O、N、Cl など）が、化合物の種類は極めて〔ア　多い・少ない　〕。

②分子からなる物質であり、融点・沸点が低い。

③水に〔イ　溶けやすい・溶けにく　〕く、有機溶媒に〔ウ　溶けやすい・溶けにく　〕いものが多い。

④燃焼しやすいものが多く、完全燃焼すると主に二酸化炭素と水を生成する。

異性体…分子式は同じであるが、構造の異なる化合物。

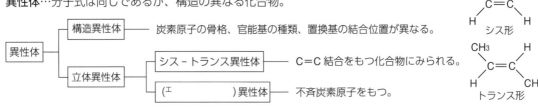

シス形

トランス形

2 分子式の決定

C、H、O を含む有機化合物 W〔g〕 $\xrightarrow{\text{完全燃焼}}$ CO$_2$…w_{CO_2}〔g〕、H$_2$O…w_{H_2O}〔g〕

①組成式の決定

$$C\text{の質量}〔g〕=w_{CO_2}〔g〕\times\frac{C}{CO_2}=w_{CO_2}〔g〕\times\frac{12}{44}$$

$$H\text{の質量}〔g〕=w_{H_2O}〔g〕\times\frac{2H}{H_2O}=w_{H_2O}〔g〕\times\frac{2.0}{18}$$

$$O\text{の質量}〔g〕=W〔g〕-(C\text{の質量}〔g〕+H\text{の質量}〔g〕)$$

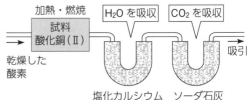

加熱・燃焼　H$_2$O を吸収　CO$_2$ を吸収

試料　酸化銅(Ⅱ)

乾燥した酸素

塩化カルシウム　ソーダ石灰

$$C:H:O=\frac{C\text{の質量}〔g〕}{12}:\frac{H\text{の質量}〔g〕}{1.0}:\frac{O\text{の質量}〔g〕}{16}=x:y:z \Rightarrow \text{組成式 } C_xH_yO_z$$

②分子式の決定　分子量＝組成式の式量×n　⇒　分子式＝(組成式)$_n$

3 脂肪族炭化水素

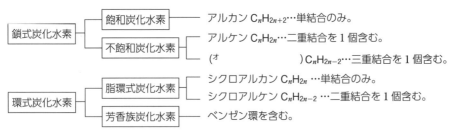

アルカンの反応…紫外線の作用でハロゲンの単体と（カ　　　　　　）反応する。

$$CH_4 \longrightarrow CH_3Cl \longrightarrow CH_2Cl_2 \longrightarrow CHCl_3 \longrightarrow CCl_4$$

アルケンの反応…付加反応しやすい。臭素水(赤褐色)や、硫酸酸性の KMnO$_4$ 水溶液(赤紫色)を脱色する。

アルキンの反応…（キ　　　　　　）反応をしやすい。$CH_2=CHCl \xleftarrow{HCl} CH\equiv CH \xrightarrow{H_2O} CH_3CHO$

臭素水(赤褐色)や、硫酸酸性の KMnO$_4$ 水溶液(赤紫色)を脱色する。

解答

（ア）多い　（イ）溶けにく　（ウ）溶けやすい

（エ）鏡像　（オ）アルキン　（カ）置換　（キ）付加

共通テスト攻略の Point！

元素分析から組成式の出し方、シス-トランス異性体、アルケン・アルキンの付加反応が頻出である。

必修例題 ⓲ 異性体

関連問題 ➡ 175・181・183

シス-トランス異性体(幾何異性体)が存在する化合物として正しいものを、次の分子式①～⑤のうちから一つ選べ。

① C_2HCl_3 　　② $C_2H_2Cl_2$ 　　③ $C_2H_2Cl_4$ 　　④ C_2H_3Cl 　　⑤ $C_2H_3Cl_3$

(18　センター本試)

解説　分子式から、炭素－炭素二重結合($C=C$ 結合)の有無と、$C=C$ 結合を形成する炭素に直結する 4 個の原子(団)を調べる。

①、②、④はエチレン C_2H_4 の一部の H を Cl で置き換えた化合物であり、$C=C$ 結合をもつ。一方、③ $C_2H_2Cl_4$ と⑤ $C_2H_3Cl_3$ はそれぞれ原子価 1 の H と Cl が合計 6 個存在するので、すべての結合が単結合である(エタン C_2H_6 の一部の H を Cl で置き換えた化合物である)。

①、②、④のうち、①、④には H または Cl が 3 個存在するため、$C=C$ 結合をつくる炭素原子の一方に H または Cl が必ず 2 個結合し、シス-トランス異性体は存在しない。②は、$C=C$ 結合をつくるいずれの炭素原子にも異なる原子が結合した化合物をつくることができるので、シス-トランス異性体が存在する。②には、次の異性体が存在する。

シス形　　　　　トランス形　　シス-トランス異性体が存在しない

CHECK POINT

下図に示す $C=C$ 結合に直結した原子(団)について W≠X かつ Y≠Z の場合、シス-トランス異性体が存在する。W＝X または Y＝Z の場合、シス-トランス異性体は存在しない。

解答 ②

必修例題 ⓳ 元素分析

関連問題 ➡ 174・182

化合物 A は、ブタンと塩素の混合気体に光をあてて得られた生成物の一つであり、ブタン分子の水素原子 1 個以上が同数の塩素原子で置換された構造をもつ。ある量の化合物 A を完全燃焼させたところ、二酸化炭素が 352 mg、水が 126 mg 生成した。化合物 A は 1 分子あたり何個の塩素原子をもつか。正しい数を、次の①～⑥のうちから一つ選べ。ただし、化合物 A のすべての炭素と水素は、それぞれ二酸化炭素と水になるものとする。

① 1 　　② 2 　　③ 3 　　④ 4 　　⑤ 5 　　⑥ 6 　　(17　センター本試)

解説　構成原子の質量比から、分子式を考える。
生成した二酸化炭素 352 mg のうち、炭素の質量は、

$$352\,mg \times \frac{C}{CO_2} = 352\,mg \times \frac{12}{44} = 96\,mg$$

また、生成した水 126 mg のうち、水素の質量は、

$$126\,mg \times \frac{2H}{H_2O} = 126\,mg \times \frac{2.0}{18} = 14\,mg$$

よって、構成原子の原子数の比は、

$$炭素：水素 = \frac{96}{12} : \frac{14}{1.0} = 8 : 14 = 4 : 7$$

化合物 A はブタン C_4H_{10} の水素を塩素で置換した化合物なので、C の数は 4 であり、H の数は 7 となる。よって、Cl で置換された H は 10－7＝3 となり、化合物 A の分子式は $C_4H_7Cl_3$ となる。

CHECK POINT

有機化合物の完全燃焼で生じた二酸化炭素と水の質量から、化合物に含まれる炭素と水素の質量を求める。構成原子の質量比をそれぞれの原子量で割ると、原子数の比が求まり、組成式が決定する。

解答 ③

必修問題

171 ☆☆☆ 有機化合物の特徴 1分 　有機化合物に関する記述として下線部が**適当でないもの**を、次の①～⑤のうちから一つ選べ。

① 骨格は、主に<u>炭素原子で構成</u>されている。
② 原子間のほとんどの結合は、<u>イオン結合である</u>。
③ 官能基を変えると、大きく<u>性質が変わる</u>。
④ 直鎖飽和炭化水素の沸点は、<u>分子量が大きい</u>ほど高い。
⑤ 多くは、水よりも石油やジエチルエーテルに<u>溶けやすい</u>。

(14　センター追試)

172 ☆☆☆ 官能基 1分 　次の三つの化合物の破線で囲まれた官能基 a ～ c の名称として最も適当なものを、下の①～⑥のうちから一つずつ選べ。

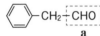

① スルホ基　② ホルミル基　③ ニトロ基
④ アミノ基　⑤ カルボキシ基　⑥ ヒドロキシ基

(13　センター本試　改)

173 ☆☆☆ 元素分析装置 1分 　図は、炭素、水素、酸素からなる有機化合物の元素分析を行うための装置を示している。試料を完全燃焼させ、発生する2種類の気体を吸収管Aと吸収管Bでそれぞれ吸収させる。吸収管Aに入れる物質と吸収管Bで吸収させる物質の組合せとして最も適当なものを、下の①～⑥のうちから一つ選べ。

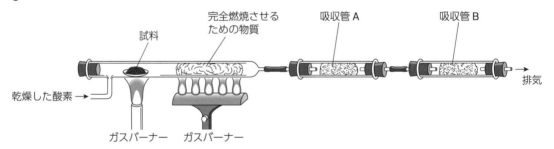

	吸収管Aに入れる物質	吸収管Bで吸収させる物質		吸収管Aに入れる物質	吸収管Bで吸収させる物質
①	酸化銅(Ⅱ)	水	④	ソーダ石灰	二酸化炭素
②	酸化銅(Ⅱ)	二酸化炭素	⑤	塩化カルシウム	水
③	ソーダ石灰	水	⑥	塩化カルシウム	二酸化炭素

(15　センター追試)

174 ☆☆☆ 元素分析 3分 　炭素、水素、酸素、硫黄からなる有機化合物の元素分析を行ったところ、炭素、水素、硫黄の質量パーセントが表のようになった。この有機化合物の組成式として最も適当なものを、下の①～⑥のうちから一つ選べ。

各元素の質量パーセント		
C	H	S
39.1%	8.7%	34.8%

① CH_4OS　② C_2H_6OS　③ $C_2H_6O_2S$　④ C_3H_8OS　⑤ $C_3H_8O_2S$　⑥ $C_3H_8O_2S_2$

(16　センター追試)

H=1.0　C=12　O=16　S=32

☆☆☆
175 **構造異性体** 1分　次の文中の空欄（ a ・ b ）にあてはまる数の組合せとして最も適当なものを、右の①～⑥のうちから一つ選べ。

分子式 C_4H_8 で表される炭化水素の構造異性体には、鎖状のものが a 種類存在し、環状のものが b 種類存在する。

	a	b		a	b
①	2	1	④	2	2
②	3	1	⑤	3	2
③	4	1	⑥	4	2

（15　センター追試）

☆☆☆
176 **アルカン** 1分　アルカンに関する記述として**誤りを含むもの**を、次の①～⑤のうちから一つ選べ。

① 炭素数 1 のアルカンは、天然ガスの主成分である。
② 炭素数 2 のアルカンでは、C－C 結合を軸として両側のメチル基が回転できる。
③ 炭素数 4 のアルカンには、3 種類の構造異性体がある。
④ アルカンは、シクロアルカンに比べ、分子中に含まれる水素原子の割合が大きい。
⑤ アルカン 1 mol を完全燃焼させると、水が二酸化炭素より 1 mol 多く生成する。

（09　センター本試）

☆☆☆
177 **炭化水素の性質** 1分　エタン、エチレン（エテン）、アセチレンに関する記述として**誤りを含むもの**を、次の①～⑥のうちから一つ選べ。

① エタンは、常温・常圧で気体である。
② エタン分子の水素原子を塩素原子で置換した化合物には、不斉炭素原子をもつものが存在する。
③ エチレン分子の構成原子は、すべて同一平面上にある。
④ エチレン分子の異なる炭素原子に結合した水素原子を一つずつメチル基で置換した化合物には、シス-トランス異性体（幾何異性体）が存在する。
⑤ アセチレンは、臭素水を脱色する。
⑥ アセチレンは、触媒を用いて水素と反応させると、エチレンを経由してエタンになる。

（11　センター追試）

☆☆☆
178 **炭化水素の構造** 1分　有機化合物の構造に関する記述として下線部に**誤りを含むもの**を、次の①～⑤のうちから一つ選べ。

① 炭素原子間の距離は、エタン、エチレン（エテン）、アセチレンの順に<u>短くなる</u>。
② エタンの炭素原子間の結合は、その結合を軸として<u>回転できる</u>。
③ エチレン（エテン）の炭素原子間の結合は、その結合を軸として<u>回転することはできない</u>。
④ アセチレンでは、すべての原子が<u>同一直線上にある</u>。
⑤ シクロヘキサンでは、すべての炭素原子が<u>同一平面上にある</u>。

（16　センター本試）

179 不飽和炭化水素の反応 〔2分〕 図の反応経路図中の化合物 A ～ C として最も適当なものを、下の①～⑥のうちから一つずつ選べ。

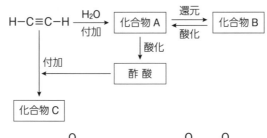

① CH₃-CH₂-OH ② CH₃-C-H (O 上に) ③ CH₃-C-O-C-CH₃ (O O 上に)

④ CH₃-CH₂-O-C-CH₃ (O 上に) ⑤ CH₂=CH-O-C-CH₃ (O 上に) ⑥ CH₃-CH₂-O-CH₂-CH₃

(13 センター追試)

180 異性体 〔1分〕 分子式 C₄H₆ で表される炭化水素の構造異性体のうち、炭素−炭素三重結合を一つ含むものはいくつあるか。最も適当な数を、次の①～⑤のうちから一つ選べ。

① 1 ② 2 ③ 3 ④ 4 ⑤ 0

(14 センター追試)

181 異性体 〔1分〕 エチレン（エテン）の水素原子の二つを塩素原子で置き換えたとき、いくつの異性体が生じるか。最も適当な数を、次の①～⑥のうちから一つ選べ。

① 1 ② 2 ③ 3 ④ 4 ⑤ 5 ⑥ 6

(13 センター追試)

182 炭化水素の反応 〔4分〕 炭素数 7 の不飽和炭化水素を完全燃焼させたところ、308 mg の二酸化炭素と 108 mg の水が生成した。また、この炭化水素の不飽和結合のすべてに臭素 Br₂ を付加させたところ、生成物に含まれる Br の質量の割合は77％であった。この炭化水素の構造として最も適当なものを、次の①～⑤のうちから一つ選べ。

①
```
  HC=CH
H₂C   CH-CH₃
H₂C-CH₂
```
②
```
  HC=CH
H₂C   CH-CH₃
  HC=CH
```
③ ⟨benzene⟩-CH₃

④ CH₂=CHCH₂CH₂CH₂CH₂CH₃ ⑤ CH₂=CHCH₂CH₂CH₂CH=CH₂

(10 センター本試)

183 異性体 〔2分〕 次の記述（ア・イ）が両方ともにあてはまる化合物の構造式として最も適当なものを、下の①～⑤のうちから一つ選べ。

ア 水素 1 分子が付加した生成物には、シス-トランス異性体（幾何異性体）が存在する。
イ 水素 2 分子が付加した生成物には、不斉炭素原子が存在する。

①
```
        CH₃
CH₃-CH₂-CH-C≡C-H
```
②
```
    CH₃
CH₃-CH-C≡C-CH₃
```
③
```
            CH₃
CH₃-CH₂-CH₂-CH-C≡C-H
```

④
```
   CH₃   CH₃
CH₃-CH-C≡C-CH-CH₃
```
⑤
```
       CH₃   CH₃
CH₃-CH₂-CH-C≡C-CH-CH₃
```

(11 センター本試、17 プレテスト)

活用問題

184 炭化カルシウムと水の反応 **4分**　図は、ある気体の発生を観察するための実験装置である。ふたまた試験管には水 0.20 mol と炭化カルシウム 0.010 mol を、試験管 A には 0.010 mol/L の臭素水 10 mL を入れた。ふたまた試験管を傾けて、すべての水を炭化カルシウムに加えて完全に反応させた。このとき試験管 A でおきた変化および試験管 B での気体捕集の様子に関する記述の組合せとして最も適当なものを、下の①〜⑥のうちから一つ選べ。

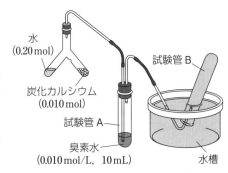

水
(0.20 mol)

試験管 B

炭化カルシウム
(0.010 mol)

試験管 A

臭素水
(0.010 mol/L，10 mL)

水槽

	試験管 A でおきた変化	試験管 B での気体捕集の様子
①	臭素水の色が消えた。	アセチレンが捕集された。
②	臭素水の色が消えた。	エチレン（エテン）が捕集された。
③	臭素水の色が消えた。	気体は捕集されなかった。
④	臭素水の色は変化しなかった。	アセチレンが捕集された。
⑤	臭素水の色は変化しなかった。	エチレン（エテン）が捕集された。
⑥	臭素水の色は変化しなかった。	気体は捕集されなかった。

(16　センター本試)

185 マルコフニコフ則 **4分**　次の文章を読み下の問いに答えよ。

> アルケンに対する塩化水素の付加反応は、下図に示すように進行する。まず、H^+ が二重結合の片方の炭素原子に結合する。その結果として、もう一方の炭素原子上に正電荷をもった炭素陽イオン（カルボカチオン）中間体が生成する。その後、カルボカチオン中間体の正電荷をもつ炭素原子と Cl^- が結合する。なお、カルボカチオン中間体は正電荷をもつ炭素原子に結合しているアルキル基が多いほど（水素原子が少ないほど）、安定である。そして、より安定なカルボカチオン中間体を経る生成物が優先して得られる。

$$\underset{R^2}{\overset{R^1}{}}C=C\underset{R^4}{\overset{R^3}{}} \xrightarrow{HCl} \left[\overset{H}{\underset{R^2}{R^1-\overset{+}{C}-\overset{|}{C}-R^3}\underset{R^4}{}} \right] + Cl^- \longrightarrow \underset{R^2}{\overset{Cl\ H}{R^1-\overset{|}{C}-\overset{|}{C}-R^3}\underset{R^4}{}}$$

カルボカチオン中間体

R^1、R^2、R^3、R^4 は、アルキル基または水素原子を示す。

分子式が C_5H_{10} で表される直鎖状のアルケンには、3種類の異性体 A〜C があり、このうち、A と B はシス-トランス異性体の関係にあった。C に塩化水素を反応させたときに生じる生成物のうち、主生成物の構造式として最も適当なものを、下の①〜⑤のうちから一つ選べ。

① $\underset{Cl}{\overset{}{CH_2}}-\underset{Cl}{\overset{}{CH}}-CH_2-CH_2-CH_3$　② $CH_3-\underset{Cl}{\overset{}{CH}}-\underset{Cl}{\overset{}{CH}}-CH_2-CH_3$

③ $\underset{Cl}{\overset{}{CH_2}}-CH_2-CH_2-CH_2-CH_3$　④ $CH_3-\underset{Cl}{\overset{}{CH}}-CH_2-CH_2-CH_3$　⑤ $CH_3-CH_2-\underset{Cl}{\overset{}{CH}}-CH_2-CH_3$

(06　名古屋大　改)

11 酸素を含む脂肪族化合物

1 アルコールとエーテル

①**アルコール R−OH** 炭化水素の水素原子を(^{ア}　　　　　　　　　)基−OH で置換した化合物。

−OH 基の数による分類			炭化水素基の数による分類		
1価アルコール	2価アルコール	3価アルコール	第一級アルコール	第二級アルコール	第三級アルコール
CH_3OH メタノール	CH_2OH CH_2OH エチレングリコール	CH_2OH $CHOH$ CH_2OH グリセリン	$R^1-\overset{H}{\underset{H}{C}}-OH$	$R^1-\overset{R^2}{\underset{H}{C}}-OH$	$R^1-\overset{R^2}{\underset{R^3}{C}}-OH$

性質　①炭素数の少ないアルコールは水に溶けやすく、炭素数が多くなると、水に溶けにくい。
　　　②ナトリウムと反応して、水素が発生する。$2CH_3CH_2OH+2Na \longrightarrow 2CH_3CH_2ONa+H_2$

酸化反応

$R-CH_2-OH \xrightarrow{酸化} R-CHO \xrightarrow{酸化} R-COOH$
第一級アルコール　　　アルデヒド　　　(^{イ}　　　　　　　)

例　$CH_3OH \xrightarrow{酸化} HCHO \xrightarrow{酸化} HCOOH$
　　メタノール　ホルムアルデヒド　ギ酸

$R^1-\underset{OH}{\overset{|}{C}}H-R^2 \xrightarrow{酸化} R^1-\underset{O}{\overset{||}{C}}-R^2$
第二級アルコール　　　(^{ウ}　　　　　　)

$CH_3-\underset{OH}{\overset{|}{C}}H-CH_3 \xrightarrow{酸化} CH_3-\underset{O}{\overset{||}{C}}-CH_3$
2-プロパノール　　　アセトン

第三級アルコールは酸化されにくい。

脱水反応…エタノールに濃硫酸を加えて加熱するとき、温度によって生成物が異なる。

$C_2H_5-OH \quad HO-C_2H_5 \xrightarrow[130〜140℃]{濃硫酸} C_2H_5-O-C_2H_5 + H_2O$　（分子間脱水）
　　　　　　　　　　　　　　　　　　　ジエチルエーテル

$\underset{H}{\overset{CH_2-CH_2}{\underset{OH}{|\quad |}}} \xrightarrow[160〜170℃]{濃硫酸} CH_2=CH_2 + H_2O$　（分子内脱水）
　　　　　　　　　　　　エチレン

②**エーテル R−O−R′**

性質　①水に溶けにくく、ナトリウムと反応しない。　②分子量が同程度のアルコールより沸点が低い。
ジエチルエーテル…揮発性の液体で、溶媒として用いられる。引火性が高い。

2 アルデヒドとケトン

①**アルデヒド R−CHO** 第一級アルコールの酸化によって得られる。〔^{エ}　酸化・還元　〕作用を示す。
　①アンモニア性硝酸銀水溶液と反応して、銀が析出する(^{オ}　　　　　　　)反応を示す。
　②フェーリング液を還元し、Cu_2O の赤色沈殿を生じる。
ホルムアルデヒド HCHO…(^{カ}　　　　　　　　　)の酸化によって得られる。無色、刺激臭の気体。
　約37%含む水溶液を(^{キ}　　　　　　　)という。
アセトアルデヒド CH_3CHO…(^{ク}　　　　　　　　)の酸化によって得られる。無色、刺激臭の揮発
性の液体。

②**ケトン R−CO−R′** 第二級アルコールの酸化によって得られる。還元性を示さない。
アセトン CH_3COCH_3…2-プロパノールを酸化すると得られる。水にもアルコールにも溶けやすい。
ヨードホルム反応…右のような構造をもつ化合物を、塩基性水溶液中
で I_2 と反応させると、ヨードホルム CHI_3 の黄色沈殿を生じる。　　$CH_3-\underset{OH}{\overset{|}{C}}H-R$　　$CH_3-\underset{O}{\overset{||}{C}}-R$
　　例　アセトアルデヒド、2-プロパノール、アセトン、エタノール

3 カルボン酸とエステル

①**カルボン酸 R−COOH**　アルデヒドの酸化によって得られる。1価の鎖式カルボン酸を脂肪酸という。

　性質　弱酸性を示す。炭酸よりも（ケ　　　　　）い酸のため、炭酸水素ナトリウムと反応し、弱酸の二酸化炭素 CO_2 が発生する。$R-COOH + NaHCO_3 \longrightarrow R-COONa + H_2O + CO_2$

ギ酸 HCOOH	（コ　　　　　　　　　　　　　　　　　）の酸化によって得られる。ホルミル基をもち、還元性を示す。
酢酸 CH₃COOH	（サ　　　　　　　　　　　　　　　）の酸化によって得られる。高純度のものは冬季に凍結し、（シ　　　　　　　）とよばれる。
マレイン酸	互いにシス-トランス異性体の関係にある。 H∖C=C∕H　　HOOC∖C=C∕H HOOC⁄　　＼COOH　　H⁄　　＼COOH 　マレイン酸　　　　　フマル酸 　（シス型）　　　　　（トランス型）
フマル酸	
乳酸 CH₃CH(OH)COOH	不斉炭素原子を1個もち、（ス　　　　　　　）異性体が存在する。

②**エステル R−COOR′**　アルコールとカルボン酸の脱水縮合により得られる（エステル化）。

　　$R-COOH + HOR' \rightleftharpoons R-COOR' + H_2O$

　性質　①水に溶けにくく、芳香をもつものが多い。

　　②加水分解によって、アルコールとカルボン酸を生じる。特に塩基による加水分解を（セ　　　　　　　）という。$RCOOR' + NaOH \longrightarrow RCOONa + HOR'$

4 油脂とセッケン

①**油脂**　グリセリンと高級脂肪酸のエステル。

脂肪…常温で〔ソ　固体・液体　〕の油脂。　**脂肪油**…常温で〔タ　固体・液体　〕の油脂。

硬化油…脂肪油に水素 H_2 を付加させて得られる固体の油脂。

②**セッケン**　高級脂肪酸の塩からなる界面活性剤。

　製法　油脂をけん化すると得られる。

R¹CO−O−CH₂　　　　　　　　　　　R¹COOK　　　HO−CH₂
　　　｜　　　　　　　　　　けん化　　　　　　　　　　　｜
R²CO−O−CH　　　＋　3KOH　──→　R²COOK　　＋　HO−CH
　　　｜　　　　　　　　　　　　　　　　　　　　　　　　｜
R³CO−O−CH₂　　　　　　　　　　　R³COOK　　　HO−CH₂

　　　油脂　　　　　　水酸化カリウム　　　脂肪酸の塩（セッケン）　　グリセリン

　性質　①分子内に疎水性と親水性の部分をもち、繊維に付着した汚れを取りかこんで水中に分散させる乳化作用がある。

　　②加水分解により（チ　　　　　）性を示すため、タンパク質でできた繊維の洗浄に使用できない。

　　③Ca^{2+} や Mg^{2+} と難溶性の塩を形成するため、（ツ　　　　　）中で使用できない。

③**合成洗剤**

　　水溶液は（テ　　　　　　　）性を示す。Ca^{2+} や Mg^{2+} と沈殿を形成しないため、硬水中でも洗浄力を保つ。

解答

（ア）ヒドロキシ　（イ）カルボン酸　（ウ）ケトン　（エ）還元
（オ）銀鏡　（カ）メタノール　（キ）ホルマリン　（ク）エタノール
（ケ）強　（コ）ホルムアルデヒド　（サ）アセトアルデヒド
（シ）氷酢酸　（ス）鏡像（光学）　（セ）けん化　（ソ）固体
（タ）液体　（チ）塩基　（ツ）硬水　（テ）中

共通テスト攻略の Point !

アルコールの反応（特に酸化）、銀鏡反応・ヨードホルム反応、エステルの加水分解を中心に、教科書の太字の重要事項は整理しておく。また実験方法の問いも最近頻出。教科書にある実験の図を確認しておく。

必修例題 ⑳ エステルの構造

化合物Aに水酸化ナトリウム水溶液を加えて加熱したのち、希硫酸を加えて酸性にしたところ、2種類の有機化合物が生成した。一方の生成物は銀鏡反応を示し、他方の生成物はヨードホルム反応を示した。Aの構造式として最も適当なものを、次の①～⑥のうちから一つ選べ。

① H–C(=O)–O–CH(CH₃)–CH₃

$$① \quad \overset{\overset{\text{O}}{\|}}{\text{H–C}}\text{–O–}\overset{\overset{\text{CH}_3}{|}}{\text{CH}}\text{–CH}_3$$

$$② \quad \overset{\overset{\text{O}}{\|}}{\text{H–C}}\text{–O–CH}_2\text{–}\overset{\overset{\text{CH}_3}{|}}{\text{CH}}\text{–CH}_3$$

$$③ \quad \text{CH}_3\text{–}\overset{\overset{\text{O}}{\|}}{\text{C}}\text{–O–CH}_2\text{–CH}_2\text{–CH}_3$$

$$④ \quad \text{CH}_3\text{–}\overset{\overset{\text{O}}{\|}}{\text{C}}\text{–O–}\overset{\overset{\text{CH}_3}{|}}{\text{CH}}\text{–CH}_3$$

$$⑤ \quad \text{CH}_3\text{–}\overset{\overset{\text{OH}}{|}}{\text{CH}}\text{–}\overset{\overset{\text{O}}{\|}}{\text{C}}\text{–O–CH}_2\text{–CH}_2\text{–CH}_3$$

$$⑥ \quad \text{CH}_3\text{–}\overset{\overset{\text{OH}}{|}}{\text{CH}}\text{–}\overset{\overset{\text{O}}{\|}}{\text{C}}\text{–O–CH}_2\text{–}\overset{\overset{\text{CH}_3}{|}}{\text{CH}}\text{–CH}_3$$

(11 センター本試)

解説

①～⑥のエステルを加水分解すると、カルボン酸とアルコールが生じる。生成物のうち、銀鏡反応を示すのはホルミル基(アルデヒド基)をもつギ酸である。加水分解でギ酸を生じるエステルは①と②である。また、加水分解で生じるアルコールは①では2-プロパノール、②では2-メチル-1-プロパノールである。ヨードホルム反応を示すのは CH₃CH(OH)–構造をもつ2-プロパノールである。したがって、加水分解の生成物が両方の反応を示すのは①である。

$$\overset{\overset{\text{O}}{\|}}{\text{H–C}}\text{–O–}\overset{\overset{\text{CH}_3}{|}}{\text{CH}}\text{–CH}_3 \quad \longrightarrow \quad \overset{\overset{\text{O}}{\|}}{\text{H–C}}\text{–OH} \quad + \quad \text{HO–}\overset{\overset{\text{CH}_3}{|}}{\text{CH}}\text{–CH}_3$$

A　　　　　　　　　　　　銀鏡反応を示す　ヨードホルム反応を示す

● CHECK POINT

分解生成物から構造を考える。

銀鏡反応
⇒還元作用の確認

ヨードホルム反応

$$\text{CH}_3\text{–}\overset{\overset{}{|}}{\underset{\underset{\text{OH}}{|}}{\text{CH}}}\text{–R} \qquad \text{CH}_3\text{–}\overset{\overset{}{|}}{\underset{\underset{\text{O}}{\|}}{\text{C}}}\text{–R}$$

の確認

解答 ①

必修例題 ㉑ エステルの加水分解

関連問題 ➡ 189・192

示性式 $C_mH_{2m+1}COOC_nH_{2n+1}$ で表されるエステル 1.0 mol を完全に加水分解したところ、2種類の有機化合物がそれぞれ 74g 生成した。このとき m および n の数の組合せとして最も適当なものを、次の①～⑥のうちから一つ選べ。

(15 センター本試)

	m	n		m	n
①	2	2	④	3	4
②	2	4	⑤	4	2
③	3	2	⑥	4	4

解説

エステル $C_mH_{2m+1}COOC_nH_{2n+1}$ の加水分解は、次式で表される。

$$C_mH_{2m+1}COOC_nH_{2n+1}+H_2O \longrightarrow C_mH_{2m+1}COOH+C_nH_{2n+1}OH$$

エステル 1 mol からカルボン酸とアルコールが 1 mol ずつ生じる。このときカルボン酸 $C_mH_{2m+1}COOH$ の分子量は $14m+46$、アルコール $C_nH_{2n+1}OH$ の分子量は $14n+18$ であり、それぞれ 74g 生じたので、

$$\frac{74}{14m+46}=\frac{74}{14n+18}=1.0$$

よって、$m=2$、$n=4$ となる。

● CHECK POINT

示性式が $C_mH_{2m+1}COOH$ のように文字 m を用いて表されている場合、分子量を m を用いて表す。あとは通常の化学反応式の係数比を用いた量的関係の問題同様、物質量比＝係数比を用いて考える。

解答 ②

必修問題

186 ☆☆☆ **エタノールの性質** 〈1分〉 エタノールに関する記述として**誤りを含むもの**を、次の①～⑥のうちから一つ選べ。

① 糖類の発酵によって得ることができる。
② 水と任意の割合で溶け合う。
③ ナトリウムと反応させると、水素が発生する。
④ 硫酸酸性の二クロム酸カリウムで酸化すると、アセトアルデヒドが生成する。
⑤ ヨウ素および水酸化ナトリウム水溶液を加えて加熱すると、黄色沈殿が生成する。
⑥ フェーリング液を加えて加熱すると、赤色の酸化銅(Ⅰ)が析出する。

(16 センター追試)

187 ☆☆☆ **アルコールの脱水反応** 〈2分〉 次のアルコールア～エにそれぞれ適切な酸触媒を加えて加熱すると、OH基の結合した炭素原子とその隣の炭素原子から、OH基とH原子がとれたアルケンが生成する。ア～エのうち、このように生成するアルケンの異性体の数が最も多いアルコールはどれか。最も適当なものを、下の①～④のうちから一つ選べ。ただし、シス-トランス異性体(幾何異性体)も区別して数えるものとする。

$$CH_3-\overset{\overset{\displaystyle CH_3}{|}}{C}H-CH_2-CH_2-OH \qquad CH_3-CH_2-CH_2-\overset{\overset{\displaystyle}{|}}{\underset{OH}{C}}H-CH_3 \qquad CH_3-CH_2-\overset{\overset{\displaystyle}{|}}{\underset{OH}{C}}H-CH_2-CH_3 \qquad CH_3-\overset{\overset{\displaystyle CH_3}{|}}{C}H-\overset{\overset{\displaystyle}{|}}{\underset{OH}{C}}H-CH_3$$

ア   イ   ウ   エ

① ア   ② イ   ③ ウ   ④ エ

(21 共通テスト)

188 ☆☆ **エタノールの酸化** 〈2分〉 次の**操作1～5**からなる実験を行った。

操作1 試験管Aにエタノールをとり、二クロム酸カリウム水溶液、希硫酸、沸騰石を入れた。

操作2 図のように試験管Aを加熱し、生じた物質を水の入った試験管Bに捕集した。

操作3 試験管B中の水溶液の一部をとり、これをフェーリング液と反応させた。

操作4 硝酸銀水溶液とアンモニア水を用いて、別の試験管にアンモニア性硝酸銀水溶液を調製した。

操作5 アンモニア性硝酸銀水溶液の入った試験管に、試験管B中の水溶液の一部を加え、60～70℃に加熱した。

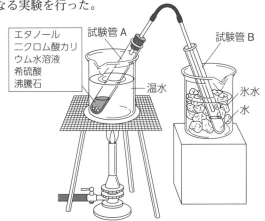

この実験に関連する記述として**誤りを含むもの**を、次の①～⑤のうちから一つ選べ。

① **操作1**で、沸騰石を入れるのは、急激な沸騰(突沸)を防ぐためである。
② **操作2**で、図のように試験管Bを氷冷するのは、生じた物質を確実に液化させるためである。
③ **操作3**で、フェーリング液と反応した物質は、ホルムアルデヒドである。
④ **操作4**で、アンモニア水が少ないと褐色の沈殿が生じる。
⑤ **操作5**で、試験管の内壁に銀が析出した。

(13 センター本試)

☑ **189** ☆ **アルコールの反応** ‐3分‐ 分子式が $C_{10}H_nO$ で表される不飽和結合をもつ直鎖状のアルコールA を一定質量取り、十分な量のナトリウムと反応させたところ、0.125 mol の水素が発生した。また、同じ質量のAに、触媒を用いて水素を完全に付加させたところ、0.500 mol の水素が消費された。このとき、Aの分子式中の n の値として最も適当な数値を、次の①～⑤のうちから一つ選べ。

① 14 ② 16 ③ 18 ④ 20 ⑤ 22

(18 センター本試)

☑ **190** ☆☆☆ **アルデヒドの性質** ‐1分‐ アルデヒドに関する記述として下線部に**誤りを含むもの**を、次の①～⑤のうちから一つ選べ。

① アルデヒドを還元すると、<u>第一級アルコールが生</u>じる。
② アルデヒドをアンモニア性硝酸銀水溶液と反応させると、<u>銀が析出する</u>。
③ アセトアルデヒドを酸化すると、<u>酢酸が生じる</u>。
④ メタノールを、白金や銅を触媒として酸素と反応させると、<u>アセトアルデヒドが生じる</u>。
⑤ エチレン(エテン)を、塩化パラジウム(Ⅱ)と塩化銅(Ⅱ)を触媒として水中で酸素と反応させると、<u>アセトアルデヒドが生じる</u>。

(15 センター本試)

☑ **191** ☆ **アセトンの製法** ‐1分‐ 酢酸カルシウムからアセトンを合成する実験を行う。この実験の方法として最も適当なものを、次の①～④のうちから一つ選べ。

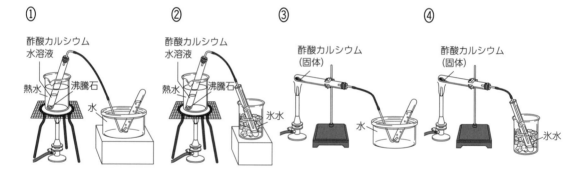

(15 センター本試)

☑ **192** ☆☆ **ケトンの反応** ‐3分‐ 分子式が $C_nH_{n+4}O$ であるケトン 98 mg を完全燃焼させたところ、水が 90 mg 生成した。このとき、何 mol の二酸化炭素が生成したか。最も適当な数値を、次の①～⑥のうちから一つ選べ。

① 0.0030 ② 0.0060 ③ 0.012 ④ 0.030 ⑤ 0.060 ⑥ 0.12

(07 センター本試)

☑ **193** ☆☆☆ **カルボン酸の性質** ‐1分‐ カルボン酸に関する記述として**誤りを含むもの**を、次の①～⑤のうちから一つ選べ。

① シュウ酸は還元性を示す。
② 酢酸分子2個から水分子1個が取れて、無水酢酸ができる。
③ 硬水中でセッケンの洗浄力が低下するのは、セッケンが Ca^{2+} や Mg^{2+} と反応して水に溶けにくい塩をつくるためである。
④ アジピン酸とヘキサメチレンジアミンからナイロン66(6,6-ナイロン)が合成される。
⑤ 酢酸はアセトアルデヒドの加水分解によって得られる。

(07 センター本試)

194 有機化合物の溶解性 ☆☆ 2分

次の有機化合物①～⑤を1gずつはかりとり、1本の試験管に入れた。この混合物に一定量の水を入れ、よく振ったのち静置すると、図のように二層に分離した。分析の結果、下層には1種類の有機化合物のみが含まれていた。下の問い（**a・b**）に答えよ。

① シクロヘキサン（C_6H_{12}）　② シクロヘキセン（C_6H_{10}）　③ ステアリン酸（$C_{17}H_{35}COOH$）

④ 乳酸（$CH_3CH(OH)COOH$）　⑤ ベンゼン（C_6H_6）

a 下層を取り出し、これに炭酸水素ナトリウムを加えると、二酸化炭素が発生した。このとき反応した有機化合物として最も適当なものを、上の①～⑤のうちから一つ選べ。

b 上層を取り出し、暗所室温においてこれに臭素を加えると、臭素の色がすみやかに消えた。このとき反応した有機化合物として最も適当なものを、上の①～⑤のうちから一つ選べ。

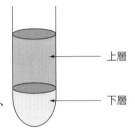

（14　センター本試）

195 化合物の構造 ☆☆☆ 2分

有機化合物Aに水酸化ナトリウム水溶液とヨウ素を加えて穏やかに加熱したところ、特有のにおいをもつ化合物の黄色結晶が生成した。また、化合物Aに少量の臭素水を加えたところ、臭素の色がすぐに消失した。化合物Aの構造式として最も適当なものを、次の①～⑤のうちから一つ選べ。

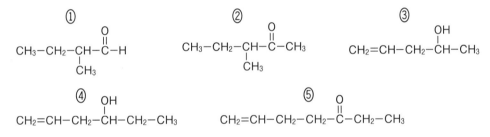

（12　センター本試）

196 鏡像異性体 ☆☆☆ 1分

互いに鏡像の関係にある一対の鏡像異性体に関する次の記述 **a ～ d** について、正誤の組合せとして正しいものを、下の①～⑧のうちから一つ選べ。

a 偏光（平面偏光）に対する性質が異なる。

b 融点・沸点が異なる。

c 立体構造が異なる。

d 分子式が異なる。

	a	b	c	d		a	b	c	d
①	正	正	正	正	⑤	誤	正	正	誤
②	正	正	誤	正	⑥	誤	正	誤	誤
③	正	誤	正	誤	⑦	誤	誤	正	正
④	正	誤	誤	誤	⑧	誤	誤	誤	正

（01　センター本試）

197 エステルの異性体 ☆☆ 2分

分子式 $C_4H_8O_2$ で表される化合物のうち、エステル結合をもつものはいくつ存在するか。正しい数を、次の①～⑥のうちから一つ選べ。

① 1　② 2　③ 3　④ 4　⑤ 5　⑥ 6　（16　センター追試）

第IV章　有機化合物

198 エステル化 2分 次の**操作1〜3**からなる実験を行った。

操作1 乾いた試験管Aに酢酸とエタノールを2mLずつ入れて振り混ぜ、さらに濃硫酸を0.5mL加えた。この試験管Aに沸騰石を入れて、十分に長いガラス管を取りつけ、図に示すように80℃の水の入ったビーカーの中で5分間加熱した。

操作2 この試験管Aの内容物を冷却したのち、炭酸水素ナトリウムの飽和水溶液を少量ずつ加えて中和した。

操作3 試験管Aの内容物が水層と生成物の層の2層に分離したので、生成物の層を乾いた試験管Bに移した。

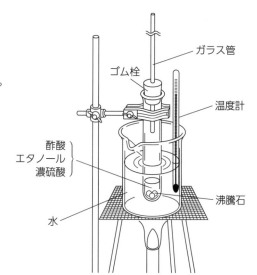

ガラス管
ゴム栓
温度計
酢酸
エタノール
濃硫酸
沸騰石
水

操作1〜3に関する記述として**誤りを含むもの**を、次の①〜⑤のうちから一つ選べ。

① **操作1**で試験管Aに沸騰石を入れるのは、突沸(突発的な沸騰)を防ぐためである。

② **操作1**で試験管Aに長いガラス管を取りつけるのは、蒸発した内容物を冷却して、液体に戻すためである。

③ **操作2**では、二酸化炭素が発生した。

④ **操作2**の中和の結果、試験管Aの内容物が分離したとき、生成物の層は下層であった。

⑤ **操作3**で試験管Bに移した生成物には、果実のような芳香があった。

(11 センター本試 改)

199 エステルの構造 2分 次の文章を読み、有機化合物Aの構造式として最も適当なものを、下の①〜⑤のうちから一つ選べ。

化合物Aに水酸化ナトリウム水溶液を加えて加熱した後、希硫酸を加えて酸性にしたところ、化合物BとCが生成した。Bはヨードホルム反応を示した。Cは炭酸水素ナトリウム水溶液に気体を発生しながら溶けた。また、Cにはシス-トランス異性体Dが存在することがわかった。

① $CH_3CH_2CH_2-\underset{O}{C}-O-CH_2CH_3$

② $CH_3-O-CH_2CH_2CH_2CH_2-O-CH_3$

③ $CH_3-O-\underset{O}{C}-CH=CH-\underset{O}{C}-O-CH_3$

④ $CH_3CH_2-O-\underset{O}{C}-CH=CH-\underset{O}{C}-O-CH_2CH_3$

⑤ $\underset{CH_3}{\overset{CH_3}{CH}}-O-\underset{O}{C}-\bigcirc-\underset{O}{C}-O-\underset{CH_3}{\overset{CH_3}{CH}}$

(08 センター本試)

200 エステルの構造 2分 分子式が $C_5H_{10}O_2$ のエステルAを加水分解すると、還元作用を示すカルボン酸BとともにアルコールCが得られた。Cの構造異性体であるアルコールは、C自身を含めていくつ存在するか。正しい数を、次の①〜⑥のうちから一つ選べ。

① 1　　　② 2　　　③ 3　　　④ 4　　　⑤ 5　　　⑥ 6　　　(17 センター本試)

201 油脂とセッケン ☆☆☆ 1分

油脂およびセッケンに関する記述として**誤りを含むもの**を、次の①～⑤のうちから一つ選べ。

① 構成脂肪酸として不飽和脂肪酸を多く含む常温で液体の油脂は、触媒を用いて水素を付加させると、融点が高くなって常温で固体になる。

② 油脂に十分な量の水酸化ナトリウム水溶液を加えて加熱すると、グリセリンと脂肪酸ナトリウムが生成する。

③ セッケンを水に溶かすと、その水溶液は弱酸性を示す。

④ セッケン水に食用油を加えてよく振り混ぜると、乳化する。

⑤ セッケン水に塩化カルシウム水溶液を加えると、沈殿が生じる。 (10 センター本試)

202 酸素を含む化合物の反応 ☆☆☆ 1分

酸素原子を含む有機化合物の反応に関する記述として**誤りを含むもの**を、次の①～⑤のうちから一つ選べ。

① メタノールと酢酸の混合物に濃硫酸を加えて加熱すると、エステルが生成する。

② エタノールを濃硫酸とともに130～140℃に加熱すると、エーテルが生成する。

③ エタノールを硫酸酸性の二クロム酸カリウム水溶液とともに加熱すると、アルデヒドが生成する。

④ フマル酸を加熱すると、酸無水物が生成する。

⑤ 油脂に水酸化ナトリウム水溶液を加えて加熱すると、グリセリンが生成する。

(09 センター追試 改)

203 エタノールの脱水 ☆☆☆ 3分

図のような装置を組み、濃硫酸にエタノールを滴下して約170℃で反応させ、発生した気体を試験管に水上置換で捕集した。下の問い(**a・b**)に答えよ。

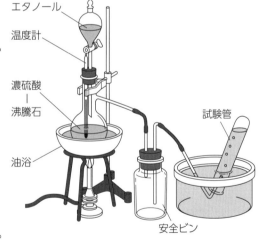

a 実験方法および捕集した気体に関する記述として**適当でないもの**を、次の①～⑤のうちから一つ選べ。

① 温度計の球部を濃硫酸中に入れるのは、<u>正確な反応温度を知るため</u>である。

② 水上置換で捕集できるのは、<u>発生する気体が水に溶けにくいから</u>である。

③ 捕集した気体は<u>平面構造をもつ分子</u>である。

④ 捕集した気体を触媒を用いて酸化することにより、<u>アセトアルデヒド</u>を合成できる。

⑤ 捕集した気体は、触媒を用いて3分子を重合させると、<u>ベンゼンになる</u>。

b 実験中に反応温度を130～140℃に下げたところ、捕集する試験管内の水面に油滴が浮いた。この油滴に関する記述として最も適当なものを、次の①～⑤のうちから一つ選べ。

① 試験管に移動した原料のエタノールである。

② エタノールが濃硫酸により酸化されたアルデヒドである。

③ エタノールが濃硫酸により酸化されたカルボン酸である。

④ エタノール1分子から、水1分子がとれた化合物である。

⑤ エタノール2分子から、水1分子がとれて縮合した化合物である。

(14 センター本試)

活用問題

☑ **204** **エステルの構造** -3分- 分子式 $C_4H_6O_2$ で表され
るエステルAを加水分解したところ、図のように化合
物Bとともに、<u>不安定な化合物Cを経て、Cの異性体
である化合物Dが得られた</u>。また、化合物Dを酸化し
たところ、化合物Bに変化した。下の問い(**a** ・ **b**)に答えよ。

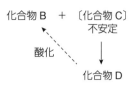

エステルA ⟶ 化合物B ＋ 〔化合物C〕
　　　　　　　　　　　　　　　　不安定
　　　　　　酸化 ↗　　　　　　　　│
　　　　　　　　　　　　　　化合物D

a 次に示すエステルAの構造式中の ☐1☐・☐2☐ にあてはまるものを、下の①～⑦のうちから
それぞれ一つずつ選べ。

$$\text{エステルA} \quad \boxed{1} - \overset{\overset{\displaystyle O}{\|}}{C} - O - \boxed{2}$$

① H− 　　② CH₃− 　　③ CH₃−CH₂− 　　④ CH₂=CH−

⑤ CH₂=C− 　　⑥ CH₃−CH=C− 　　⑦ CH₂=CH−CH₂−
　　 |　　　　　　　　　　　　　
　　 CH₃

b 下線部と同じ変化がおこり、化合物Cを経て化合物Dが得られる反応として最も適当なものを、
次の①～⑤のうちから一つ選べ。

① アセトンにヨウ素と水酸化ナトリウム水溶液を加えて温める。

② 触媒の存在下でアセチレンに水を付加させる。

③ 酢酸カルシウムを熱分解(乾留)する。

④ 2-プロパノールに二クロム酸カリウムの硫酸酸性溶液を加えて温める。

⑤ 160～170℃に加熱した濃硫酸にエタノールを滴下する。 (17 プレテスト)

☑ **205** **セッケン** -3分- 界面活性剤に関する次の**実験Ⅰ・Ⅱ**について、下の問い(**a** ・ **b**)に答えよ。

実験Ⅰ ビーカーにヤシ油(油脂)をとり、水酸化ナトリウム水溶液とエタノールを加えた後、均一な
溶液になるまで温水中で加熱した。この溶液を飽和食塩水に注ぎよく混ぜると、固体が生じた。こ
の固体をろ過により分離し、乾燥した。

実験Ⅱ 実験Ⅰで得られた固体の0.5%水溶液5 mL を、試験管**ア**に入れた。これとは別に、硫酸ドデ
シルナトリウム(ドデシル硫酸ナトリウム)の0.5%水溶液を5 mLつくり、試験管**イ**に入れた。試
験管**ア・イ**のそれぞれに1 mol/L の塩化カルシウム水溶液を1 mL ずつ加え、試験管内の様子を観
察した。

a 実験Ⅰで飽和食塩水に溶液を注いだときに固体が生じたのは、どのような反応あるいは現象か。
最も適当なものを、次の①～⑥のうちから一つ選べ。

① 中和 　　② 水和 　　③ けん化 　　④ 乳化 　　⑤ 浸透 　　⑥ 塩析

b 実験Ⅱで観察された試験管**ア・イ**内の様子の組合せとして最も適当なものを、次の①～⑥のうち
から一つ選べ。

	試験管ア内の様子	試験管イ内の様子		試験管ア内の様子	試験管イ内の様子
①	均一な溶液であった	油状物質が浮いた	④	油状物質が浮いた	白濁した
②	均一な溶液であった	白濁した	⑤	白濁した	均一な溶液であった
③	油状物質が浮いた	均一な溶液であった	⑥	白濁した	油状物質が浮いた

(17 センター本試)

✓ **206** トリグリセリドの構造 ⏲**5分** グリセリンの三つのヒドロキシ基がす

べて脂肪酸によりエステル化された化合物をトリグリセリドと呼び、その
構造は図1のように表される。

あるトリグリセリドX(分子量882)の構造を調べることにした。(a)<u>Xを
触媒とともに水素と完全に反応させると、消費された水素の量から、1分
子のXには4個のC=C結合があることがわかった。</u>また、Xを完全に加
水分解したところ、グリセリンと、脂肪酸A(炭素数18)と脂肪酸B(炭素数
18)のみが得られ、AとBの物質量比は1:2であった。トリグリセリドX
に関する次の問い(**a～c**)に答えよ。

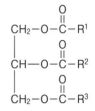

図1 トリグリセリドの
構造(R^1、R^2、R^3 は
鎖式炭化水素基)

a 下線部(a)に関して、44.1gのXを用いると、消費される水素は何molか。その数値を小数第2
位まで次の形式で表すとき、 1 ～ 3 に当てはまる数字を、後の①～⓪のうちから一つず
つ選べ。ただし、同じものを繰り返し選んでもよい。また、XのC=C結合のみが水素と反応する
ものとする。

　　　1 . 2 3 mol

① 1 ② 2 ③ 3 ④ 4 ⑤ 5 ⑥ 6 ⑦ 7 ⑧ 8 ⑨ 9 ⓪ 0

b トリグリセリドXを完全に加水分解して得られた脂肪酸Aと脂肪酸Bを、硫酸酸性の希薄な過マ
ンガン酸カリウム水溶液にそれぞれ加えると、いずれも過マンガン酸イオンの赤紫色が消えた。脂
肪酸A(炭素数18)の示性式として最も適当なものを、次の①～⑤のうちから一つ選べ。

① $CH_3(CH_2)_{16}COOH$

② $CH_3(CH_2)_7CH=CH(CH_2)_7COOH$

③ $CH_3(CH_2)_4CH=CHCH_2CH=CH(CH_2)_7COOH$

④ $CH_3CH_2CH=CHCH_2CH=CHCH_2CH=CH(CH_2)_7COOH$

⑤ $CH_3CH_2CH=CHCH_2CH=CHCH_2CH=CHCH_2CH=CH(CH_2)_4COOH$

c トリグリセリドXをある酵素で部分的に加水分解すると、図2のように脂肪酸A、脂肪酸B、化
合物Yのみが物質量比1:1:1で生成した。また、Xには鏡像異性体(光学異性体)が存在し、Yに
は鏡像異性体が存在しなかった。AをR^A−COOH、BをR^B−COOHと表すとき、図2に示す化合
物Yの構造式において、 ア ・ イ に当てはまる原子と原子団の組合せとして最も適当なもの
を、後の①～④のうちから一つ選べ。

化合物Y

図2 ある酵素によるトリグリセリドXの加水分解

(23 共通テスト本試)

	ア	イ
①	O‖C−R^A	H
②	O‖C−R^B	H
③	H	O‖C−R^A
④	H	O‖C−R^B

第Ⅳ章 有機化合物

12 芳香族化合物

1 芳香族炭化水素

芳香族炭化水素…分子中にベンゼン環を含む炭化水素。

ベンゼン…ベンゼン環を形成する6個の炭素原子は、(ア　　　　　　　　　)形の平面構造をとる。炭素原子間の距離は単結合と二重結合の中間ですべて同じ長さ。

①置換反応

ベンゼン $\xrightarrow[\text{(Fe)}]{Cl_2}$ クロロベンゼン(Cl) …(イ　　　　)化

ベンゼン $\xrightarrow[\text{(H}_2\text{SO}_4)]{HNO_3}$ ニトロベンゼン(NO₂) …(ウ　　　　)化

ベンゼン $\xrightarrow{H_2SO_4}$ ベンゼンスルホン酸(SO₃H) …(エ　　　　)化

②付加反応

ベンゼン $\xrightarrow[\text{(Ni、Pt)}]{H_2}$ C_6H_{12} シクロヘキサン

ベンゼン $\xrightarrow[\text{紫外線}]{Cl_2}$ $C_6H_6Cl_6$ ヘキサクロロシクロヘキサン

③酸化反応

トルエン(CH₃) $\xrightarrow{酸化}$ 安息香酸(COOH)

2 酸素を含む芳香族化合物

①**フェノール類**　ベンゼン環の炭素原子に直接ヒドロキシ基 −OH が結合した化合物。

フェノール(OH)

性質　①水にわずかに溶け、弱い酸性を示す。　②ナトリウムと反応して水素を発生。
③塩化鉄(Ⅲ)FeCl₃ 水溶液を加えると青〜赤紫色に呈色(フェノール類の検出反応)。

フェノールの製法　①(オ　　　　　)法

ベンゼン $\xrightarrow[\text{プロペン}]{CH_3CH=CH_2}$ クメン(CH(CH₃)₂) $\xrightarrow[\text{酸化}]{O_2}$ クメンヒドロペルオキシド(C(CH₃)₂-O-OH) $\xrightarrow{H_2SO_4}$ フェノール(OH) + アセトン(CH₃-CO-CH₃)

②ベンゼンスルホン酸のアルカリ融解

ベンゼン $\xrightarrow{H_2SO_4}$ ベンゼンスルホン酸(SO₃H) $\xrightarrow{NaOH\ aq}$ ベンゼンスルホン酸ナトリウム(SO₃Na) $\xrightarrow{NaOH(融解)}$ ナトリウムフェノキシド(ONa) $\xrightarrow[\text{弱酸の遊離}]{H^+}$ フェノール(OH)

③クロロベンゼンの加水分解

ベンゼン $\xrightarrow[\text{(Fe)}]{Cl_2}$ クロロベンゼン(Cl) $\xrightarrow[\text{高温・高圧}]{NaOH\ aq}$ ナトリウムフェノキシド(ONa) $\xrightarrow[\text{弱酸の遊離}]{H^+}$ フェノール(OH)

②**芳香族カルボン酸**　ベンゼン環の炭素原子に直接(カ　　　　　　)基 −COOH が結合した化合物。

性質　水に少し溶けて酸性を示す。

サリチル酸…フェノール類とカルボン酸の両方の性質を示す。

(キ　　　)(OCOCH₃, COOH) $\xleftarrow[\text{アセチル化}]{(CH_3CO)_2O}$ サリチル酸(OH, COOH) $\xrightarrow[\text{エステル化}]{CH_3OH}$ (ク　　　)(OH, COOCH₃)

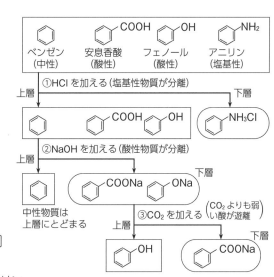

製法 ナトリウムフェノキシド →[CO₂ 高温・高圧] サリチル酸ナトリウム →[H⁺ 弱酸の遊離] サリチル酸

3 窒素を含む芳香族化合物

①**芳香族アミン** ベンゼン環の炭素原子に直接 (ケ　　　　　) 基 $-NH_2$ が結合した化合物。

アニリン 性質 ①アンモニア水よりも弱い塩基性を示す。

②さらし粉水溶液で赤紫色に呈色する。

③硫酸酸性の二クロム酸カリウムで (コ　　　　　　　　　) とよばれる黒色物質が生成。

④無水酢酸と反応してアミドを生成 (アセチル化)。

アニリン →[$(CH_3CO)_2O$ アセチル化] アセトアニリド　アミド結合

製法 ニトロベンゼン →[HCl aq、Sn 還元] アニリン塩酸塩 →[NaOH aq 弱塩基の遊離] アニリン

②**アゾ化合物** アゾ基 $-N=N-$ をもつ化合物。染料などに用いられる。

製法 アニリン →[低温 2HCl、NaNO₂ (サ　　　)化] 塩化ベンゼンジアゾニウム →[ジアゾカップリング] *p*-ヒドロキシアゾベンゼン(橙色) (*p*-フェニルアゾフェノール)

4 有機化合物の分離

芳香族化合物は有機溶媒に溶けやすく、芳香族化合物の塩は水に溶けやすいため、中和反応や酸・塩基の強弱を利用して分離することができる。

液体	溶解する有機化合物
ジエチルエーテル	ほとんどすべての化合物
塩酸	アミン
NaOH 水溶液	カルボン酸、スルホン酸、フェノール類
NaHCO₃ 水溶液	カルボン酸、スルホン酸

酸の強さ

塩酸、硫酸、スルホン酸 >〔シ　カルボン酸・炭酸　〕
>〔ス　カルボン酸・炭酸　〕> フェノール類

塩基の強さ 水酸化ナトリウム > アンモニア > アニリン

ベンゼン (中性)　安息香酸 (酸性)　フェノール (酸性)　アニリン (塩基性)

①HCl を加える (塩基性物質が分離)　上層　下層

COOH　OH　NH₃Cl

②NaOH を加える (酸性物質が分離)　上層

中性物質は上層にとどまる　COONa　ONa　下層

③CO₂ を加える (CO₂ よりも弱い酸が遊離)　上層

OH　COONa　下層

解答
(ア) 正六角　(イ) ハロゲン　(ウ) ニトロ
(エ) スルホン　(オ) クメン　(カ) カルボキシ
(キ) アセチルサリチル酸　(ク) サリチル酸メチル
(ケ) アミノ　(コ) アニリンブラック
(サ) ジアゾ　(シ) カルボン酸　(ス) 炭酸

共通テスト攻略のPoint！

ベンゼンの構造、反応は正誤問題でよく問われるので注意が必要。フェノール類、サリチル酸、アゾ化合物の製法は、反応の流れをよく理解しておく。サリチル酸は有機化合物の分離問題でもよく問われる。酸の強弱による分離、化合物特有の呈色反応をまとめて整理しておく。

必修例題 **㉒** 　**芳香族化合物の反応**　　　　　　　　　　関連問題 ➡ 214・220・221

図は、ベンゼンから *p*-ヒドロキシアゾベンゼンを合成する反応経路を示したものである。化合物A～Dとして最も適当なものを、下の①～⑧のうちから一つずつ選べ。

① ナトリウムフェノキシド C_6H_5ONa
② フェノール C_6H_5OH
③ ベンゼンスルホン酸 $C_6H_5SO_3H$
④ ベンゼンスルホン酸ナトリウム $C_6H_5SO_3Na$
⑤ アニリン塩酸塩 $C_6H_5NH_3Cl$
⑥ アニリン $C_6H_5NH_2$
⑦ ニトロベンゼン $C_6H_5NO_2$
⑧ 塩化ベンゼンジアゾニウム $C_6H_5N_2Cl$

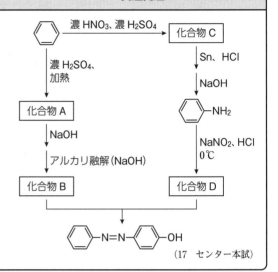

(17　センター本試)

解説　ベンゼンのスルホン化でベンゼンスルホン酸(化合物A)、中和、アルカリ融解によりナトリウムフェノキシド(化合物B)が生成する。一方、混酸(濃硝酸＋濃硫酸)によるニトロ化でニトロベンゼン(化合物C)が生じ、Snによる還元、弱塩基の遊離、ジアゾ化を経て塩化ベンゼンジアゾニウム(化合物D)が生成する。ジアゾカップリングで *p*-ヒドロキシアゾベンゼンが生成する。

● **CHECK POINT**

ベンゼンから始まる反応を丁寧に覚えること。

解答　化合物A　③　化合物C　⑦
　　　　化合物B　①　化合物D　⑧

必修例題 **㉓** 　**芳香族化合物の分離**　　　　　　　　　　　　関連問題 ➡ 222

アニリン、サリチル酸、フェノールの混合物のエーテル溶液がある。各成分を下の操作により分離した。**a**～**c**にあてはまる化合物の組合せとして最も適当なものを、下の①～⑥のうちから一つ選べ。

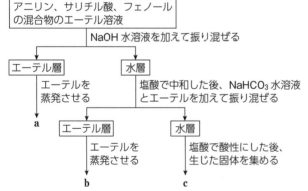

	a	**b**	**c**
①	アニリン	サリチル酸	フェノール
②	アニリン	フェノール	サリチル酸
③	フェノール	サリチル酸	アニリン
④	フェノール	アニリン	サリチル酸
⑤	サリチル酸	フェノール	アニリン
⑥	サリチル酸	アニリン	フェノール

(07　センター本試)

解説　NaOH水溶液と反応するのは酸であり、サリチル酸とフェノールが塩となって水層に移動する。また、エーテル溶液にはアニリンが残っているので、**a**はアニリンである。水層に塩酸を加え、サリチル酸とフェノールにもどした後、NaHCO₃水溶液を加えると、弱酸の遊離によって、サリチル酸はサリチル酸ナトリウムとなって水層に移動する。したがって、**b**はフェノール、**c**はサリチル酸である。

● **CHECK POINT**

酸の強弱は、カルボン酸＞炭酸＞フェノール類である。NaHCO₃水溶液を加えると、弱酸である炭酸が遊離し、カルボン酸はナトリウム塩となり水層に移動する。　**解答**　②

必修問題

☑ **207** [☆] **ベンゼンの性質** ◀1分▶　ベンゼンに関する記述として**誤りを含むもの**を、次の①～⑤のうちから一つ選べ。

①　炭素原子間の結合の長さは、すべて等しい。

②　すべての原子は、同一平面上にある。

③　揮発性があり、引火しやすい。

④　付加反応よりも置換反応をおこしやすい。

⑤　過マンガン酸カリウムの硫酸酸性溶液によって、容易に酸化される。　　　　　　（00　センター本試）

☑ **208** ^{☆☆} **官能基の性質** ◀1分▶　図に示す化合物のいずれにも**あてはまらない記述**を、下の①～⑤のうちから一つ選べ。

$$\text{H-COOH} \qquad \underset{\substack{|\\ \text{CH}_3}}{\overset{\substack{\text{COOH}\\|}}{\text{HO-C-H}}} \qquad \underset{\substack{|\\ \text{H}}}{\overset{}{\text{H}_3\text{C}}}\text{C=C}\underset{\substack{|\\ \text{H}}}{\overset{\text{COOH}}{}}$$

①　分子内から水1分子がとれて酸無水物になる。

②　鏡像異性体が存在する。

③　シス-トランス異性体が存在する。

④　塩化鉄(Ⅲ)水溶液によって赤紫色を呈する。

⑤　還元性を示す。　　　　　　　　　　　　　　　　　　　　　　　　　　　　（15　センター本試）

☑ **209** ^{☆☆} **異性体の数** ◀2分▶　クロロベンゼンの水素原子2個をメチル基2個で置き換えると、何種類の化合物ができるか。次の①～⑤のうちから一つ選べ。

①　3種類　　②　4種類　　③　5種類　　④　6種類　　⑤　7種類　（15　センター本試）

☑ **210** ^{☆☆} **有機化合物の溶解性** ◀2分▶　次の化合物（A～E）の溶解性に関する記述として**誤りを含むもの**を、下の①～⑤のうちから一つ選べ。

A　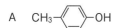CH₃—◯—OH
（消毒薬の成分）

B　（ナフタレン）
（防虫剤の一種）

C　CH₃—◯—NH₂
（染料の原料）

D　CH₂-CH-CH₂
　　|　　|　　|
　　OH　OH　OH
（化粧品の成分）

E　CH₃(CH₂)₁₆COOH
（油脂を構成する脂肪酸の一種）

①　Aは、希塩酸よりも水酸化ナトリウム水溶液に溶けやすい。

②　Bは、ベンゼンによく溶ける。

③　Cは、水酸化ナトリウム水溶液よりも希塩酸に溶けやすい。

④　Dは、水によく溶ける。

⑤　Eは、希塩酸によく溶ける。　　　　　　　　　　　　　　　　　　　　　　（15　センター追試）

☑ **211** ☆ **芳香族化合物の性質** <2分> 次の記述（**a**・**b**）の両方にあてはまる化合物として最も適当なものを、下の①～⑥のうちから一つ選べ。

a 熱した銅線に触れさせて、その銅線を炎の中に入れると、青緑色の炎色反応が見られた。

b 塩化鉄（Ⅲ）水溶液を加えると、紫色の呈色反応が見られた。

① H–C(=O)–⬡–CH=CH₂ ② HO–⬡–C(=O)–H ③ HO–⬡–CH=CH₂

④ Cl–⬡–C(=O)–H ⑤ Cl–⬡–CH=CH₂ ⑥ Cl–⬡–OH (15 センター本試)

☑ **212** ☆☆ **芳香族化合物の反応** <2分> 芳香族化合物の反応に関する記述として**誤りを含むもの**を、次の①～⑥のうちから二つ選べ。

① ベンゼンを濃硫酸と濃硝酸とともに加熱すると、ニトロベンゼンが生成する。

② ベンゼンに鉄粉の存在下で塩酸を作用させると、クロロベンゼンが生成する。

③ 塩化ベンゼンジアゾニウムに水を作用させると、アニリンが生成する。

④ フェノールに十分な量の臭素水を作用させると、2,4,6-トリブロモフェノールが生成する。

⑤ アニリンに無水酢酸を作用させると、アセトアニリドが生成する。

⑥ ベンゼンを濃硫酸とともに加熱すると、ベンゼンスルホン酸が生成する。 (15 センター追試)

☑ **213** ☆☆☆ **芳香族化合物の反応** <1分> 付加反応が進行するものを、次の①～⑤のうちから一つ選べ。

① ⬡ —濃硝酸/濃硫酸→ ② ⬡ —Cl₂/光→ ③ ⬡ —濃硫酸/熱→

④ ⬡-OH —Br₂→ ⑤ ⬡-OH —無水酢酸→ (12 センター本試)

☑ **214** ☆ **フェノールの製法** <1分> フェノールは、ベンゼンから図に示す二つの方法でつくられる。空欄 **1** と **2** にあてはまる化合物を、以下の①～⑤のうちから一つずつ選べ。

① ベンゼンスルホン酸 ② ニトロベンゼン
③ クメン ④ 安息香酸
⑤ m-キシレン

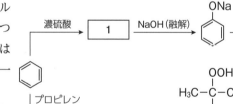

(98 センター本試)

☑ **215** ☆☆☆ **フェノールとサリチル酸** <2分> フェノールとサリチル酸の**どちらか一方のみ**にあてはまる記述を、次の①～⑤のうちから一つ選べ。

① 室温で固体である。

② 水酸化ナトリウム水溶液に溶ける。

③ 塩化鉄（Ⅲ）水溶液を加えると呈色する。

④ 炭酸水素ナトリウム水溶液を加えると、気体が発生する。

⑤ 無水酢酸と反応させるとエステルが生成する。 (06 センター本試)

216　構造決定　☆☆☆　3分

芳香族にアルキル基が直接結合した化合物を酸化すると、芳香族カルボン酸が得られる。この反応を、未知化合物の構造決定に利用することができる。ベンゼン環を含む構造未知の化合物Aを酸化したところ、カルボン酸Bが得られた。カルボン酸Bの1.00gを中和するのに、1.00mol/Lの水酸化ナトリウム水溶液が12.0mL必要であった。化合物Aの構造式として最も適当なものを、次の解答群①〜⑤のうちから一つ選べ。

(93　センター本試)

① CH₃

② CH₃ Cl

③ CH₃ NO₂

④ CH₂CH₃

⑤ CH₃ CH₃

217　サリチル酸の反応　☆☆☆　2分

サリチル酸とメタノールからサリチル酸の誘導体Aを合成する反応は、次のように表される。

COOH OH（サリチル酸）　＋　CH₃OH　→（濃硫酸）　ア ／ イ　＋　H₂O（A）

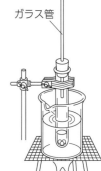
ガラス管

図に示すように、乾いた太い試験管にサリチル酸0.5g、メタノール5mL、濃硫酸1mLを入れ、沸騰石を加えた。この試験管に十分に長いガラス管を取りつけ、熱水の入ったビーカーの中で30分間熱した。この試験管の内容物を冷やした後、30mLの　ウ　が入ったビーカーに少しずつ加えたところ、Aが生成した。

Aの構造式に示された空欄（ ア ・ イ ）にあてはまる官能基と、文中の空欄（ ウ ）にあてはまる溶液の組合せとして最も適当なものを、次の①〜⑥のうちから一つ選べ。

(08　センター本試　改)

	ア	イ	ウ
①	−COOH	−OCH₃	6 mol/L NaOH 水溶液
②	−COOCH₃	−OCH₃	6 mol/L NaOH 水溶液
③	−COOCH₃	−OH	6 mol/L NaOH 水溶液
④	−COOH	−OCH₃	飽和 NaHCO₃ 水溶液
⑤	−COOCH₃	−OCH₃	飽和 NaHCO₃ 水溶液
⑥	−COOCH₃	−OH	飽和 NaHCO₃ 水溶液

218　アセチルサリチル酸　☆☆☆　2分

サリチル酸からアセチルサリチル酸を合成する実験を行った。乾いた試験管にサリチル酸1.0g、化合物A 2.0g、濃硫酸数滴を入れ、この試験管を振り混ぜながら温めた。その後、試験管の内容物を冷水に加え、沈殿をろ過し、アセチルサリチル酸の白色固体を得た。

COOH OH　→（化合物A, H₂SO₄）　COOH OCOCH₃

a　化合物Aとして最も適当なものを、次の①〜⑥のうちから一つ選べ。
① メタノール　　② エタノール　　③ ホルムアルデヒド　　④ アセトアルデヒド
⑤ 無水酢酸　　⑥ 無水フタル酸

b　得られたアセチルサリチル酸の白色固体に未反応のサリチル酸が混ざっていないことを確認したい。未反応のサリチル酸の検出に用いる溶液として適当なものを、次の①〜⑤のうちから一つ選べ。
① 塩化鉄(Ⅲ)水溶液　　② フェノールフタレイン溶液　　③ 炭酸水素ナトリウム水溶液
④ 水酸化ナトリウム水溶液　　⑤ 酢酸水溶液

(18　センター本試)

第Ⅳ章　有機化合物

☑ **219** ☆☆☆ **有機化合物の合成** ⟨2分⟩ 　次の**操作Ⅰ**・**操作Ⅱ**からなる実験により、ベンゼンから有機化合物A（分子量 123）を合成した。この実験および生成した化合物Aに関する記述として**誤りを含むもの**を、下の①～⑤のうちから一つ選べ。

操作Ⅰ　試験管に濃硫酸 2 mL と濃硝酸 2 mL を取り、これにベンゼン 1 mL を加えた後、試験管を振り混ぜながら60℃で十分な時間加熱した。

操作Ⅱ　この試験管の内容物をすべてビーカー中の冷水 50 mL に注ぎ、ガラス棒でかき混ぜた後、静置した。

① **操作Ⅰ**でベンゼンを試験管に加えた直後、内容物は二層に分かれ、上層がベンゼンであった。

② **操作Ⅱ**の後、生成した化合物Aはビーカー内で上層に分離した。

③ 化合物Aは置換反応で生成した。

④ 化合物Aは特有のにおいをもつ。

⑤ 化合物Aはジエチルエーテルなどの有機溶媒によく溶ける。

(16　センター追試)

☑ **220** ☆☆☆ **ニトロベンゼンの反応** ⟨3分⟩ 　ニトロベンゼンを用いて、次の**操作1～4**を順に行った。下の問い（**a・b**）に答えよ。

操作1　スズ 2 g とニトロベンゼン 0.5 mL を試験管Aにとり、濃塩酸 3 mL を加えた。

操作2　図1のように、試験管Aを約60℃の温水に入れ、ときどき取り出してよく振り混ぜた。

操作3　試験管A中の未反応のスズを残し、溶液を試験管Bに移した。これをときどき振り混ぜながら、図2のように 6 mol/L 水酸化ナトリウム水溶液を少しずつ加えたところ、白色の沈殿が生じた。水酸化ナトリウム水溶液をさらに加えると沈殿が溶けた。それと同時に、生成物が油滴として遊離した。

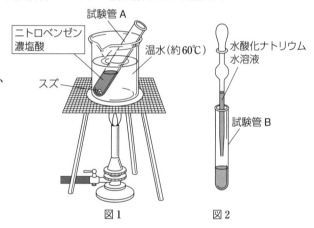

図1　　　　図2

操作4　試験管Bにジエチルエーテル 6 mL を加えてよく振り混ぜ、しばらく放置した。エーテル層をピペットで別の試験管にとり、エーテルを蒸発させると油状の物質が残った。

a　この実験に関する記述として**誤りを含むもの**を、次の①～④のうちから一つ選べ。

① **操作1**でニトロベンゼンは、油滴として濃塩酸から分離していた。

② **操作2**でスズは、酸化剤として働いている。

③ **操作3**で生じた白色の沈殿は、スズの化合物である。

④ **操作4**でエーテル層は、水層の上部に分離した。

b　**操作4**で得た油状の物質に関する記述として**誤りを含むもの**を、次の①～④のうちから一つ選べ。

① この物質にさらし粉の水溶液を加えると、赤紫色に呈色する。

② この物質に酢酸を加えて加熱すると、縮合反応がおこる。

③ この物質に二クロム酸カリウム水溶液と硫酸を加えて加熱すると、白色物質ができる。

④ この物質の希塩酸溶液に 0～5℃で亜硝酸ナトリウム水溶液を加えると、塩化ベンゼンジアゾニウムができる。

(13　センター追試)

221 ジアゾ化 **3分** アニリンとフェノールを用いて、次の**操作1～4**からなる実験を行った。下の問い（**a・b**）に答えよ。

操作1 アニリン1mLをビーカーに入れ、2mol/L塩酸20mLを加えてガラス棒で十分にかき混ぜ、均一な酸性溶液Aを得た。

操作2 Aの入ったビーカーを氷水に浸して十分に冷やした。ガラス棒でかき混ぜながら、Aにあらかじめ氷水で冷やしておいた10%亜硝酸ナトリウム水溶液10mLを少しずつ加え、溶液Bを得た。

操作3 フェノール1gを別のビーカーに入れ、2mol/L水酸化ナトリウム水溶液20mLを加えてガラス棒で十分にかき混ぜ、均一な塩基性溶液Cを得た。Cの入ったビーカーを氷水に浸して、5℃以下に冷やした。

操作4 白色の木綿の布をCに浸して十分に液をしみ込ませた。この布を取り出し、冷やしたままのBに浸したあと、水で十分に洗浄した。

a **操作1～4**に関する記述として**誤りを含むもの**を、次の①～⑤のうちから一つ選べ。

① **操作1**では、アニリン塩酸塩が生じた。

② **操作2**では、ジアゾニウム塩が生じた。

③ **操作2**により生じた有機化合物は、加熱すると酸素を発生してフェノールを生じた。

④ **操作3**では、ナトリウムフェノキシドが生じた。

⑤ **操作4**で布は橙赤色に着色した。

b **操作4**で布を着色した化合物の構造式として最も適当なものを、次の①～⑥のうちから一つ選べ。

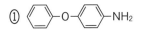

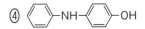
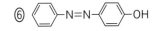

(11 センター追試)

222 有機化合物の分離 **3分** フェノール、サリチル酸、クメンを含むジエチルエーテル溶液（試料溶液）に、次の**操作Ⅰ～Ⅲ**を行うと、フェノールのみを取り出すことができた。これらの操作で用いた水溶液X～Zの組合せとして最も適当なものを、下の①～⑥のうちから一つ選べ。

操作Ⅰ 試料溶液に、水溶液Xを加えてよく混ぜたのち、エーテル層と水層を分離した。

操作Ⅱ 操作Ⅰで分離したエーテル層に、水溶液Yを加えてよく混ぜたのち、エーテル層と水層を分離した。

操作Ⅲ 操作Ⅱで分離した水層に、水溶液Zとジエチルエーテルを加えてよく混ぜたのち、エーテル層と水層を分離した。分離したエーテル層から、ジエチルエーテルを蒸発させるとフェノールが残った。

	水溶液X	水溶液Y	水溶液Z
①	塩酸	$NaHCO_3$水溶液	NaOH水溶液
②	塩酸	NaOH水溶液	$NaHCO_3$水溶液
③	$NaHCO_3$水溶液	塩酸	NaOH水溶液
④	$NaHCO_3$水溶液	NaOH水溶液	塩酸
⑤	NaOH水溶液	$NaHCO_3$水溶液	塩酸
⑥	NaOH水溶液	塩酸	$NaHCO_3$水溶液

(21 共通テスト第2日程)

活用問題

☑ **223** 芳香族化合物 **5分** ある大学の体験入学で、次のような話を聞いた。

> ベンゼン環に官能基を1つもつ物質に置換反応を行うと、オルト($o-$)、メタ($m-$)、パラ($p-$)の位置で反応がおこる可能性がある。どの位置で反応がおこるかは、最初に結合している官能基の影響を強く受ける。例えば次のように、フェノールをある反応条件でニトロ化すると、おもに$o-$ニトロフェノールと$p-$ニトロフェノールが生成し、$m-$ニトロフェノールは少ししか生成しない。したがって、ベンゼン環に結合したヒドロキシ基は$o-$や$p-$の位置で置換反応をおこしやすい官能基といえる。
>
>
> $o-$ニトロフェノール　　　$p-$ニトロフェノール　　　$m-$ニトロフェノール
> （少ししか生成しない）
>
> 一般に$o-$や$p-$の位置で置換反応をおこしやすい官能基には図の(a)のようなものがある。
> 一方、$m-$の位置で置換反応をおこしやすい官能基には図の(b)のようなものがある。
>
> (a) OH　NH$_2$　Cl　　(b) NO$_2$　SO$_3$H　COOH
>
>
> このことを利用すれば、目的の化合物を効率よくつくることができる。

この情報をもとに、除草剤の原料である$m-$クロロアニリンを、次のようにベンゼンから化合物A、Bを経て効率よく合成する実験を計画した。

ベンゼン　　操作1　　化合物A　　操作2　　化合物B　　操作3　　$m-$クロロアニリン

操作1～3として最も適当なものを、次の①～⑥のうちからそれぞれ1つずつ選べ。

① 濃硫酸を加えて加熱する。　　　　　② 固体の水酸化ナトリウムと混合して加熱融解する。

③ 鉄を触媒にして塩素と反応させる。　④ 光をあてて塩素と反応させる。

⑤ 濃硫酸と濃硝酸を加えて加熱する。

⑥ スズと塩酸を加えて反応させた後、水酸化ナトリウム水溶液を加える。　　　(17 プレテスト 改)

☑ **224** アセトアミノフェンの合成 **5分**

学校の授業でアニリンと無水酢酸からアセトアニリドをつくった生徒が、この反応を応用すれば、$p-$アミノフェノールと無水酢酸からかぜ薬の成分であるアセトアミノフェンが合成

$p-$アミノフェノール　　無水酢酸　　　　　　アセトアミノフェン　　　酢酸
分子量 109　　　　分子量 102　　　　　　　分子量 151　　　　　分子量 60

できるのではないかと考え、理科課題研究のテーマとした。以下は、この生徒の研究の経過である。

---

p-アミノフェノールの性質を調べたところ、次のことがわかった。

・塩酸に溶ける。

・塩化鉄(Ⅲ)水溶液、さらし粉水溶液のいずれでも呈色する。

そこで、p-アミノフェノール 2.18 g に無水酢酸 5.00 g を加え、加熱後室温に戻したところ、白色固体 X が得られた。(a) X は塩酸に不溶であったが、呈色反応を調べたところ、アセトアミノフェンではないと気づいた。

文献を調べると、水を加えて反応させるとよい、との情報が得られた。

そこで、p-アミノフェノール 2.18 g に水 20 mL と無水酢酸 5.00 g を加えて加熱後室温に戻したところ、塩酸に不溶の白色固体 Y が得られた。(b) Y の呈色反応の結果から、今度はアセトアミノフェンが得られたと考えた。融点を測定すると、文献の値より少し低かった。これは Y が不純物を含むためだと考え、Y を精製することにした。(c) Y に水を加えて加熱して完全に溶かし、ゆっくりと室温に戻して析出した固体をろ過、乾燥した。得られた固体 Z は 1.51 g であった。Z の融点は文献の値と一致した。以上のことから、Z は純粋なアセトアミノフェンであると結論づけた。

問1 下線部(a)と下線部(b)に関連して、この生徒はどのような呈色反応を観察したか。その観察結果の組合せとして最も適当なものを、次の①〜⑥のうちから一つ選べ。ただし、選択肢中の○は呈色したことを、×は呈色しなかったことを表す。

	固体Xの呈色反応		固体Yの呈色反応	
	塩化鉄(Ⅲ)	さらし粉	塩化鉄(Ⅲ)	さらし粉
①	○	×	×	×
②	○	×	×	○
③	×	○	×	×
④	×	○	○	×
⑤	×	×	○	×
⑥	×	×	×	○

問2 化学反応では、反応物がすべて目的の生成物になるとは限らない。反応物の物質量と反応式から計算して求めた生成物の物質量に対する、実際に得られた生成物の物質量の割合を収率といい、ここでは次の式で求められる。

$$収率〔\%〕 = \frac{実際に得られたアセトアミノフェンの物質量〔mol〕}{反応式から計算して求めたアセトアミノフェンの物質量〔mol〕} \times 100$$

この実験で得られた純粋なアセトアミノフェンの収率は何%か。最も適当な数値を、次の①〜⑤のうちから一つ選べ。

① 34　　② 41　　③ 50　　④ 69　　⑤ 72

問3 下線部(c)の操作の名称と、固体 Z に比べて固体 Y の融点が低かったことに関連する語の組合せとして最も適当なものを、次の①〜⑥のうちから一つ選べ。

	操作の名称	関連する語		操作の名称	関連する語
①	凝析	過冷却	④	抽出	凝固点降下
②	凝析	凝固点降下	⑤	再結晶	過冷却
③	抽出	過冷却	⑥	再結晶	凝固点降下

(18　プレテスト　改)

13 天然高分子化合物

1 単糖と二糖

糖類(炭水化物)…一般式 $C_mH_{2n}O_n$ で表される有機化合物。単糖、二糖、多糖などに分類される。

分類	名称	分子式	加水分解生成物	還元作用
単糖	グルコース	$C_6H_{12}O_6$	加水分解されない	○
	フルクトース			○
	ガラクトース			○
二糖	マルトース	$C_{12}H_{22}O_{11}$	グルコース	○
	スクロース		グルコース、フルクトース	×
	ラクトース		グルコース、ガラクトース	○
	セロビオース		グルコース	○

①**グルコース**　水溶液中では、3種の異性体が平衡状態で存在している。

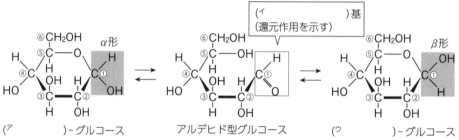

(イ　　　　　)基
(還元作用を示す)

(ア　　　　)- グルコース　　アルデヒド型グルコース　　(ウ　　　　)- グルコース

アルコール発酵…酵母中の酵素の混合物(チマーゼ)の作用でエタノールを生成する。酒類の醸造に利用。

$$C_6H_{12}O_6 \longrightarrow 2C_2H_5OH + 2CO_2$$

②**マルトース**　α-グルコース2分子が縮合した構造。希硫酸や酵素マルターゼによって加水分解される。

③**スクロース**　α-グルコースとβ-フルクトースが縮合した構造で、希硫酸や酵素インベルターゼ、スクラーゼなどで加水分解される。

(エ　　　　　　　)…スクロースの加水分解で得られる
グルコースとフルクトースの混合物。甘味が強く、還元
作用を示す。

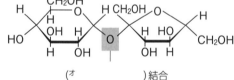

(オ　　　　)結合

2 多糖

多糖…分子式 $(C_6H_{10}O_5)_n$ で表される高分子化合物。多数の単糖が脱水縮合した構造をもつ。

①**デンプン**　多数の α-グルコースが縮合した分子で、らせん状の構造をもつ。

直鎖状の (カ　　　　　　　　) と、枝分かれ構造をもつ (キ　　　　　　　　) で構成される。

[性質]　①デンプン水溶液にヨウ素液を加えると、青紫色を呈する (ク　　　　　　　　) を示す。
②希硫酸や酵素によって加水分解される。

②**セルロース**　多数の β-グルコースが縮合した分子。ヨウ素デンプン反応を示さない。

再生繊維…セルロースが主成分。銅アンモニアレーヨン(キュプラ)やビスコースレーヨンがある。

半合成繊維…セルロースのヒドロキシ基の一部を変化させた繊維。アセテート繊維がある。

3 アミノ酸

α-アミノ酸…同一の炭素原子にカルボキシ基とアミノ基が結合しているアミノ酸。

$$H_2N-\underset{\underset{H}{|}}{\overset{\overset{R}{|}}{C}}-COOH$$

①グリシンを除いて、不斉炭素原子をもつ。

②体内で合成できず、食物からの摂取が必要な α-アミノ酸を必須アミノ酸という。

③水溶液中では、陽イオン、陰イオン、双性イオンが平衡状態にある。水溶液の pH に応じて、イオンの割合は変化する。

$$^+H_3N-\underset{\underset{H}{|}}{\overset{\overset{H}{|}}{C}}-COOH \underset{H^+}{\overset{OH^-}{\rightleftharpoons}} {}^+H_3N-\underset{\underset{H}{|}}{\overset{\overset{H}{|}}{C}}-COO^- \underset{H^+}{\overset{OH^-}{\rightleftharpoons}} H_2N-\underset{\underset{H}{|}}{\overset{\overset{H}{|}}{C}}-COO^-$$

(ケ　　　　)イオン　　　(コ　　　　)イオン　　　(サ　　　　)イオン

(シ　　　　　　　)…水溶液中で、正負の電荷がつりあい、全体として電荷が 0 になるときの pH の値。

アミノ酸の反応　①(ス　　　　　　　)反応…ニンヒドリン溶液を加えて加熱すると赤紫〜青紫色に呈色。

②カルボキシ基、アミノ基をもつため、酸とも塩基とも反応する。

4 タンパク質と核酸

①**タンパク質**　多数の α-アミノ酸が (セ　　　　　　　) 結合 −CO−NH− で連なったポリペプチド。

一次構造	α-アミノ酸の配列順序。
二次構造	α-ヘリックス構造(らせん状構造)、β-シート構造(ひだ状構造)
三次構造	二次構造が複雑に折りたたまれた特有の構造。
四次構造	三次構造の集合体。

性質　①塩析　多量の電解質で沈殿する。　②変性　熱、酸・塩基、重金属イオンなどで性質が変化する。

タンパク質の呈色反応

反応	操作	呈色	検出
(ソ　　　　) 反応	水酸化ナトリウム水溶液、さらに少量の硫酸銅(Ⅱ)水溶液を加える。	赤紫色	2個以上のペプチド結合
キサントプロテイン 反応	濃硝酸を加えて加熱する。	黄色	ベンゼン環
	さらにアンモニア水を加える。	橙黄色	
ニンヒドリン反応	ニンヒドリン溶液を加えて加熱する。	赤紫色	アミノ基
酢酸鉛(Ⅱ)との反応	水酸化ナトリウムの固体と加熱、さらに酢酸鉛(Ⅱ)水溶液を加える。	黒色	硫黄元素

②**酵素**　生体内で触媒として働くタンパク質。

　性質　①特定の物質の、特定の反応で働く(基質特異性)。　②最適温度がある。　③最適 pH がある。

③**核酸**　糖とリン酸と塩基が結合したヌクレオチドとよばれる構成単位が、多数連なった高分子化合物。

デオキシリボ核酸(DNA)…2 本のヌクレオチド鎖が (タ　　　　　　　) 構造を形成する。

リボ核酸(RNA)…DNA の遺伝情報を写し取りながら、RNA が合成され、この情報にもとづいて、タンパク質が合成される。

解答

(ア) α　(イ)ホルミル　(ウ) β　(エ) 転化糖　(オ) グリコシド
(カ) アミロース　(キ) アミロペクチン　(ク) ヨウ素デンプン反応
(ケ) 陽　(コ) 双性　(サ) 陰　(シ) 等電点　(ス) ニンヒドリン
(セ) ペプチド　(ソ) ビウレット　(タ) 二重らせん

共通テスト攻略の Point！

性質からどの糖類か判断できるよう、還元作用、加水分解するか、呈色反応などは整理しておさえておく。アミノ酸は、pH にかかわる性質、タンパク質はその構造と性質をおさえておく。

第Ⅴ章　高分子化合物

必修例題 24　糖と核酸

関連問題 ➡ 225・228・233

天然に存在する有機化合物の構造に関連する記述として**誤りを含むもの**を、次の①～⑤のうちから一つ選べ。

① グリコーゲンは、多数のグルコースが縮合した構造をもつ。

② グルコースは、水溶液中で環状構造と鎖状構造の平衡状態にある。

③ アミロースは、アミロペクチンより枝分かれが多い構造をもつ。

④ DNA の糖部分は、RNA の糖部分とは異なる構造をもつ。

⑤ 核酸は、窒素を含む環状構造の塩基をもつ。　　　　　　(15　センター本試)

解説

① **正**　グリコーゲンは動物性のデンプンで、枝分かれを多数もつ構造をしている。

② **正**　グルコースは、水溶液中で環状構造(α型、β型)と鎖状構造(アルデヒド型)との平衡状態を保っている。

③ **誤**　アミロースは直鎖状、アミロペクチンは枝分かれのある構造をもつ。

④ **正**　DNA の構成単糖はデオキシリボース、RNA の構成単糖はリボースである。

⑤ **正**　DNA を構成する塩基はアデニン、グアニン、シトシン、チミン、RNA を構成する塩基はアデニン、グアニン、シトシン、ウラシルであり、いずれも窒素を含む環状構造をもつ。

● CHECK POINT

グルコースは α、β、アルデヒド型の平衡混合物であり、アルデヒド型は還元性をもつ。

DNA と RNA では構成単糖および構成塩基の一部(DNA：チミン、RNA：ウラシル)が異なる。

解答　③

必修例題 25　タンパク質

関連問題 ➡ 232

タンパク質に関する記述として**誤りを含むもの**を、次の①～⑤のうちから一つ選べ。

① ポリペプチド鎖がつくるらせん構造(α-ヘリックス構造)では、$>C=O\cdots\cdots H-N<$ の水素結合が形成されている。

② ポリペプチド鎖にある二つのシステインは、ジスルフィド結合(S−S 結合)をつくることができる。

③ 加水分解したとき、アミノ酸のほかに糖類やリン酸などの物質も同時に得られるタンパク質を、複合タンパク質という。

④ 繊維状タンパク質では、複数のポリペプチドの鎖が束(束状)になっている。

⑤ 一般に、加熱によって変性したタンパク質は、冷却すると元の構造に戻る。　(18　センター本試)

解説

① **正**　α-ヘリックス構造では、分子内の水素結合を形成し、らせん構造をつくっている。

② **正**　システインどうしでジスルフィド結合をつくり、タンパク質の三次構造を構成している。

③ **正**　加水分解したときに α-アミノ酸だけが得られるタンパク質は、単純タンパク質とよばれる。

④ **正**　繊維状タンパク質では、複数のポリペプチドの鎖が水素結合により、束状になっている。

⑤ **誤**　変性すると高次構造が変化し、基本的に元の構造には戻らない。

● CHECK POINT

α-ヘリックス構造は分子内、β-シート構造は分子間で水素結合を形成し、それぞれらせん構造、シート状構造をつくっている。
タンパク質の分類や構造について整理しておくこと。

解答　⑤

必修問題

225 単糖の性質 **1分**　糖に関する記述として下線部に**誤りを含むもの**を、次の①〜⑤のうちから一つ選べ。

① 単糖であるグルコースの分子式は $C_6H_{12}O_6$ なので、グルコース単位からなる二糖のマルトースの分子式は $\underline{C_{12}H_{24}O_{12}}$ となる。

② スクロースから得られる転化糖は、<u>還元性を示す</u>。

③ α-グルコースと β-グルコースは、<u>互いに立体異性体である</u>。

④ 単糖であるグルコースとフルクトースは、<u>互いに構造異性体である</u>。

⑤ グルコースの鎖状構造と環状構造では、<u>不斉炭素原子の数が異なる</u>。

(16　センター本試)

226 スクロースの加水分解 **3分**　スクロース水溶液にインベルターゼ（酵素）を加えたところ、図に示す反応により一部のスクロースが単糖に加水分解された。この水溶液には、還元性を示す糖類が 3.6mol、還元性を示さない糖類が 4.0mol 含まれていた。もとのスクロース水溶液に含まれていたスクロースの物質量は何 mol か。最も適当な数値を、下の①〜⑤のうちから一つ選べ。

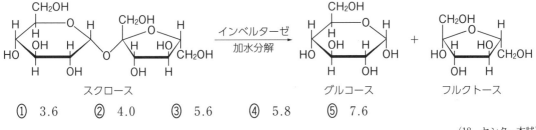

① 3.6　　② 4.0　　③ 5.6　　④ 5.8　　⑤ 7.6

(18　センター本試)

227 マルトースの分解 **4分**　ある量のマルトース（分子量 342）を酸性水溶液中で加熱し、すべてを単糖Aに分解した。冷却後、炭酸ナトリウムを加えて中和した溶液に、十分な量のフェーリング液を加えて加熱したところ Cu_2O の赤色沈殿 14.4g が得られた。もとのマルトースの質量として最も適当な数値を、次の①〜⑤のうちから一つ選べ。ただし、単糖Aとフェーリング液との反応では、単糖A 1 mol あたり Cu_2O 1 mol の赤色沈殿が生じるものとする。

① 4.28　　② 8.55　　③ 17.1　　④ 34.2　　⑤ 51.3

(17　センター本試)

228 デンプンとセルロース **1分**　デンプンとセルロースに関する記述として**誤りを含むもの**を、次の①〜④のうちから一つ選べ。

① デンプンは、α-グルコースが縮合重合した高分子化合物で、らせん状の構造をもつ。

② デンプンは、希硫酸を加えて加熱すると加水分解される。

③ セルロースは、β-グルコースが縮合重合した高分子化合物で、直線状の構造をもつ。

④ 銅アンモニアレーヨンとビスコースレーヨンは、いずれも繰り返し単位の構造がセルロースとは異なる。

(18　センター追試)

229 ☆☆ **セルロースのアセチル化** （4分） ジアセチルセルロースはアセテート繊維の原料である。いま、セルロース（繰り返し単位の式量162）16.2 g を少量の濃硫酸を触媒として無水酢酸と反応させ、すべてのヒドロキシ基をアセチル化し、トリアセチルセルロースを得た。これをおだやかな条件で加水分解し、ジアセチルセルロースを得た。得られたジアセチルセルロースは何 g か。最も適当な数値を、次の①〜⑥のうちから一つ選べ。ただし、トリアセチルセルロースは完全にジアセチルセルロースになるものとする。

① 20.4   ② 20.7   ③ 24.6   ④ 25.2   ⑤ 28.8   ⑥ 29.7

(16　センター追試)

230 ☆☆☆ **アミノ酸の分類** （1分） 不斉炭素原子をもち、塩基性アミノ酸と酸性アミノ酸のいずれにも分類されないアミノ酸（中性アミノ酸）を、次の①〜⑤のうちから一つ選べ。

① H_2N-CH_2-COOH

② $H_2N-CH_2-CH_2-COOH$

③ $HO-CH_2-\underset{\underset{NH_2}{|}}{CH}-COOH$

④ $HOOC-CH_2-\underset{\underset{NH_2}{|}}{CH}-COOH$

⑤ $H_2N-(CH_2)_4-\underset{\underset{NH_2}{|}}{CH}-COOH$

(15　センター本試)

231 ☆☆ **ポリペプチド** （3分） 次のポリペプチドXは、三つの異なるアミノ酸を構成単位とした繰り返し構造をもち、そのアミノ酸の単位は、下の図に示す**ア〜エ**のいずれかである。

$$\left[\begin{array}{c} \underset{H}{\overset{H}{|}}\ \underset{|}{\overset{R^1}{|}}\quad \underset{H}{\overset{H}{|}}\ \underset{|}{\overset{R^2}{|}}\quad \underset{H}{\overset{H}{|}}\ \underset{|}{\overset{R^3}{|}} \\ -N-C-C-N-C-C-N-C-C- \\ \underset{}{\ \ \ H\ O}\qquad H\ O\qquad H\ O \end{array} \right]_n$$

ポリペプチドX

Xに関して次の**実験Ⅰ〜Ⅲ**を行った。Xに含まれるアミノ酸の単位の組合せとして最も適当なものを、下の①〜④のうちから一つ選べ。ただし、ポリペプチドの両末端は考慮しない。

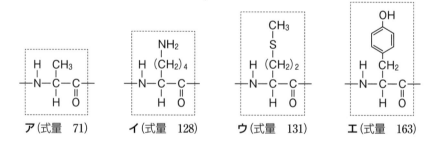

ア（式量 71）　**イ**（式量 128）　**ウ**（式量 131）　**エ**（式量 163）

実験Ⅰ　Xの水溶液に水酸化ナトリウム水溶液を加えて加熱したのち、酢酸鉛（Ⅱ）水溶液を加えると黒色沈殿を生じた。

実験Ⅱ　Xの水溶液に濃硝酸を加えて加熱し、冷却してからアンモニア水を加えると橙黄色になった。

実験Ⅲ　365 mg のXに十分な量の無水酢酸を反応させたところ、407 mg の生成物が得られた。

① ア、イ、ウ　　② ア、イ、エ　　③ ア、ウ、エ　　④ イ、ウ、エ

(20　センター追試)

H=1.0　C=12　O=16

☑ **232** ☆☆☆ **タンパク質** 1分　タンパク質およびタンパク質を構成するアミノ酸に関する記述として下線部に**誤りを含むもの**を、次の①～④のうちから一つ選べ。

① 分子中の<u>同じ炭素原子</u>にアミノ基とカルボキシ基が結合しているアミノ酸を、α-アミノ酸という。

② アミノ酸の結晶は、分子量が同程度のカルボン酸やアミンと比べて、<u>融点の高い</u>ものが多い。

③ グリシンとアラニンからできる鎖状のジペプチドは<u>1種類</u>である。

④ 水溶性のタンパク質が溶解したコロイド溶液に多量の電解質を加えると、<u>水和している水分子が奪われ</u>、コロイド粒子どうしが凝集して沈殿する。

(21　共通テスト第2日程)

☑ **233** ☆☆ **DNAの構成塩基** 2分　DNA中の4種類の塩基は、分子間で水素結合を形成して対となり、二重らせん構造を安定に保っている。右図はDNAの二重らせんの一部である。右側の塩基(灰色部分)と水素結合を形成する左側の部分**X**として最も適当なものを、下の①～④のうちから一つ選べ。

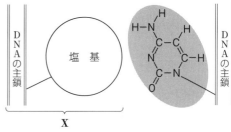

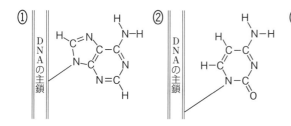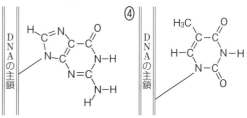

(16　センター本試)

☑ **234** ☆☆ **アミロペクチンの構造** 4分　図1にはアミロペクチンの構造の一部を示している。アミロペクチンのヒドロキシ基(−OH)の水素原子をすべてメチル基に変換したのち、希硫酸でグリコシド結合を完全に加水分解すると、α-グルコースが部分的にメチル化された3種類の化合物が得られる。このうち、化合物A(分子量208、図2)の生成量からアミロペクチンの枝分かれ構造(図中の破線で囲まれた部分)の数を推定することができる。平均分子量2.24×10^5のアミロペクチン2.24gについて上記のメチル化と加水分解を行い、化合物Aを104mg得た。このアミロペクチン1分子あたり平均何個の枝分かれ構造があるか。最も適当な数値を、下の①～⑥のうちから一つ選べ。

① 10　　② 20　　③ 50　　④ 100　　⑤ 200　　⑥ 500

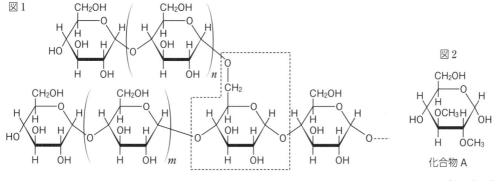

図1

図2

化合物A

(17　センター追試)

活用問題

☑ **235** **接着のしくみ** 5分　デンプンのり（デンプンと水を加熱してできるゲル）で紙を貼り合わせる場合の接着のしくみを考えてみよう。

デンプンはグルコースの縮合重合体である。グルコースは、ア水溶液中で図1のような平衡状態にある。

図1

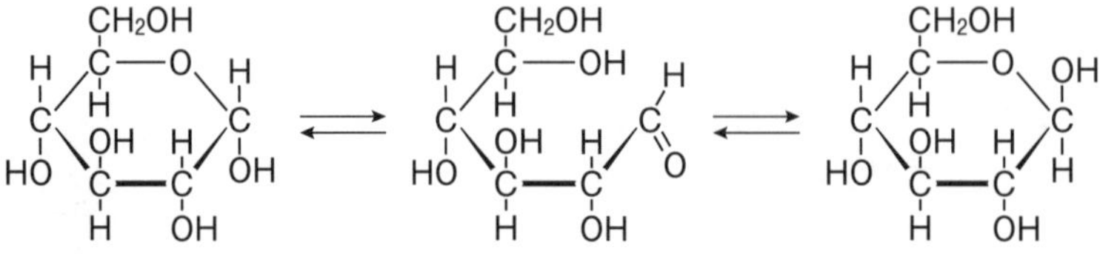

環状構造(α-グルコース)　　　鎖状構造　　　環状構造(β-グルコース)

紙の素材であるセルロースもまた、グルコースの縮合重合体である。紙にデンプンのりを塗って貼り合わせ、しばらくするとはがれなくなる。これは、水が蒸発してデンプン分子とセルロース分子が近づき、分子間に水素結合およびファンデルワールス力が働いて、分子どうしが引き合うようになったことなどによる。これらの力は分子どうしが接触する箇所で働き、その箇所が多いほど大きな力となる。デンプンもセルロースも高分子化合物なので、両者が接触する箇所は多い。その結果、双方の分子が大きな力で引き合って、接着現象がもたらされる。

デンプンは細菌などによって分解されるので、デンプンのりは劣化しやすい。このため、イ石油を原料とした合成高分子化合物を使ったのりもつくられている。

問1　下線部アに関して、グルコースの一部が水溶液中で図1の鎖状構造をとっていることを確認する方法として最も適当なものを、次の①～⑥のうちから一つ選べ。

① 臭素水を加えて、赤褐色の脱色を確認する。
② ヨウ素ヨウ化カリウム水溶液（ヨウ素溶液）を加えて、青紫色の呈色を確認する。
③ アンモニア性硝酸銀水溶液を加えて加熱し、銀の析出を確認する。
④ 酢酸と濃硫酸を加えて加熱し、芳香を確認する。
⑤ ニンヒドリン溶液を加えて加熱し、紫色の呈色を確認する。
⑥ 濃硝酸を加えて加熱し、黄色の呈色を確認する。

問2　下線部アに関して、図1のような平衡状態は、グルコース以外でも見られることがわかっている。このことを参考にして、メタノール CH_3OH とアセトアルデヒド CH_3CHO の混合物中に存在すると考えられる分子を、次の①～⑤のうちから一つ選べ。

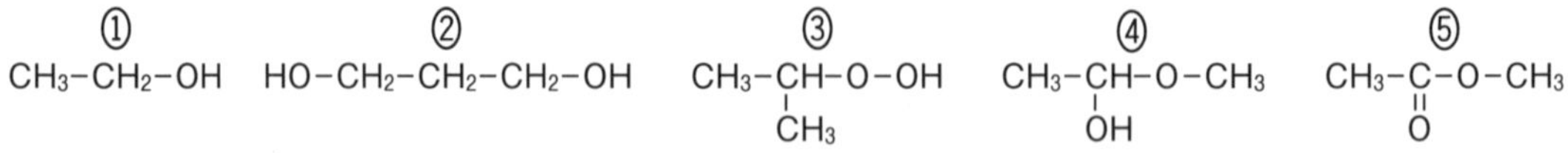

① CH_3-CH_2-OH　② $HO-CH_2-CH_2-CH_2-OH$　③ $CH_3-CH-O-OH$ / CH_3　④ $CH_3-CH-O-CH_3$ / OH　⑤ $CH_3-C-O-CH_3$ / O

問3　下線部イに関して、水素結合とファンデルワールス力の両方が働き、紙を貼り合わせるのりとして適当なものを、次の①～⑥のうちから**二つ選べ**。

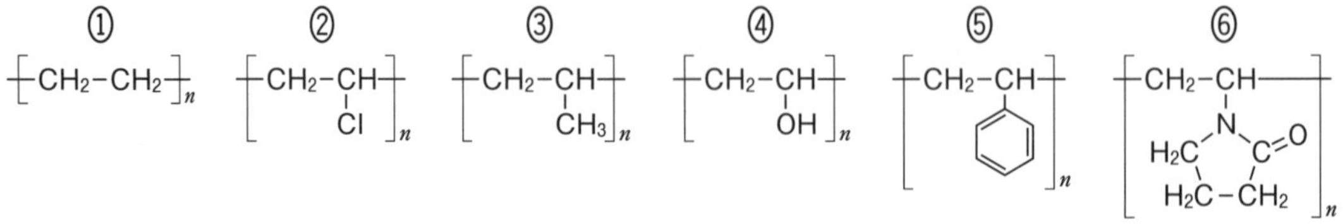

236 だしの成分の分離 ⏱7分

日本料理では、だしを取るのにしばしば昆布が使われる。昆布を煮出すと、うま味成分として知られるグルタミン酸をはじめ、さまざまな栄養成分が溶け出してくる。煮出し汁には、代表的な栄養成分として、グルタミン酸のほか、ヨウ素、アルギン酸がイオンの形で含まれている。アルギン酸の構造式は右のとおりである。

試料として<u>グルタミン酸ナトリウム、ヨウ化ナトリウム、アルギン酸ナトリウムを含む水溶液</u>がある。この溶液をビーカーに入れて横からレーザー光をあてたところ、光の通路がよく見えた。この水溶液から、成分を図1のように分離した。

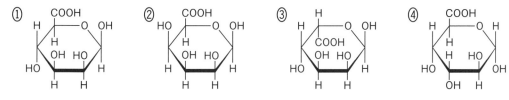

アルギン酸(分子量 約10万)

```
┌─────────────────────────────────────────────────────────┐
│ グルタミン酸ナトリウム、ヨウ化ナトリウム、アルギン酸ナトリウム │
│ を含む水溶液                                              │
└─────────────────────────────────────────────────────────┘
                        操作1
        ┌──────────────────┐    ┌──────────────────────────┐
        │ アルギン酸ナトリウム │    │ グルタミン酸ナトリウムとヨウ化ナトリ │
        │ を含む水溶液        │    │ ウムを含む水溶液              │
        └──────────────────┘    └──────────────────────────┘
```

操作2：溶液を濃縮する
操作3：塩素を吹き込む
操作4：ヘキサンを加えてかき混ぜた後、静置する（上層／下層）

図1

問1 下線部の混合物からアルギン酸ナトリウムを水溶液として分離する**操作1**で必要となる主な実験器具は何か。最も適当なものを、次の①～④のうちから一つ選べ。ただし、**操作1**で試料以外に使用してよい物質は、純水のみとする。

① ろ紙、ろうと、ろうと台　　② セロハン、ビーカー

③ 分液ろうと、ろうと台　　④ リービッヒ冷却器、枝付きフラスコ、ガスバーナー

問2 アルギン酸は、カルボキシ基をもつ2種類の単糖が繰り返し脱水縮合した構造をしている。アルギン酸を構成している単糖の構造として適当なものを、次の①～④のうちから**二つ選べ**。

問3 操作4で、溶液は二層に分かれ、上層は紫色であった。上層に関する記述として最も適当なものを、次の①～④のうちから一つ選べ。

① ヨウ素 I_2 が溶けたヘキサン層である。

② ヨウ化ナトリウムが溶けたヘキサン層である。

③ ヨウ素 I_2 が溶けた水層である。

④ ヨウ化ナトリウムが溶けた水層である。

問4 グルタミン酸は水溶液中でpHに応じて異なる構造をとり、pH3では主に右のような構造をとっている。このことを参考にして、どのようなpHの水溶液中でも主な構造にはならないものを、下の①～④のうちから一つ選べ。

$$\overset{+}{H_3}N-CH-COO^-$$
$$|$$
$$CH_2$$
$$|$$
$$CH_2$$
$$|$$
$$COOH$$

① $H_2N-CH-COOH$ ／ CH_2 ／ CH_2 ／ $COOH$

② $\overset{+}{H_3}N-CH-COOH$ ／ CH_2 ／ CH_2 ／ $COOH$

③ $H_2N-CH-COO^-$ ／ CH_2 ／ CH_2 ／ COO^-

④ $\overset{+}{H_3}N-CH-COO^-$ ／ CH_2 ／ CH_2 ／ COO^-

(18 プレテスト)

第Ⅴ章 高分子化合物

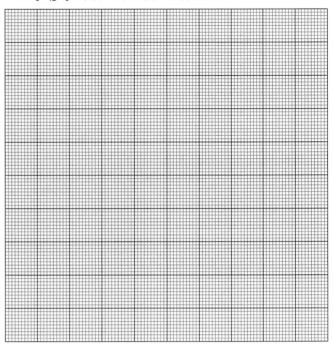

237 グルコースの異性体 **5分** グルコース $C_6H_{12}O_6$ に関する次の問いに答えよ。

問1 グルコースは、水溶液中でおもに環状構造の α-グルコースと β-グルコースとして存在し、これらは鎖状構造の分子を経由して相互に変換している。グルコースの水溶液について、平衡に達するまでの α-グルコースと β-グルコースの物質量の時間変化を調べた**実験Ⅰ**に関する問い（**a・b**）と**実験Ⅱ**に関する問い（**c**）に答えよ。ただし、鎖状構造の分子の割合は少なく無視できるものとする。必要があれば方眼紙を使うこと。

実験Ⅰ α-グルコース 0.100 mol を 20℃ の水 1.0L に加えて溶かし、20℃ に保ったまま α-グルコースの物質量の時間変化を調べた。表1に示すように α-グルコースの物質量は減少し、10時間後には平衡に達していた。こうして得られた溶液を**溶液A**とする。

表1 水溶液中での α-グルコースの物質量の時間変化

時間〔h〕	0	0.5	1.5	3.0	5.0	7.0	10.0
α-グルコースの物質量〔mol〕	0.100	0.079	0.055	0.040	0.034	0.032	0.032

a 平衡に達したときの β-グルコースの物質量は何 mol か。最も適当な数値を、次の①〜⑤のうちから一つ選べ。

① 0.016　② 0.032　③ 0.048　④ 0.068　⑤ 0.084

b 水溶液中の β-グルコースの物質量が、平衡に達したときの物質量の50%であったのは、α-グルコースを加えた何時間後か。最も適当な数値を、次の①〜⑥のうちから一つ選べ。

① 0.5　② 1.0　③ 1.5　④ 2.0　⑤ 2.5　⑥ 3.0

実験Ⅱ **溶液A**に、さらに β-グルコースを 0.100 mol 加えて溶かし、20℃で10時間放置したところ新たな平衡に達した。

c 新たな平衡に達したときの β-グルコースの物質量は何 mol か。最も適当な数値を、次の①〜⑤のうちから一つ選べ。

① 0.032　② 0.068　③ 0.100　④ 0.136　⑤ 0.168

問2 グルコースにメタノールと塩酸を作用させると、グルコースとメタノールが1分子ずつ反応して1分子の水がとれた化合物Xが、α型（α形）と β型（β形）の異性体の混合物として得られた。Xの水溶液は、還元性を示さなかった。この混合物

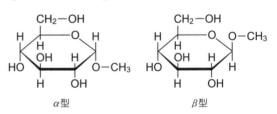

α型　　　　　　　β型

から分離した α 型のX 0.1 mol を、水に溶かして20℃に保ち、α 型のXの物質量の時間変化を調べた。α 型のXの物質量の時間変化を示した図として最も適当なものを、次の①〜④のうちから一つ選べ。

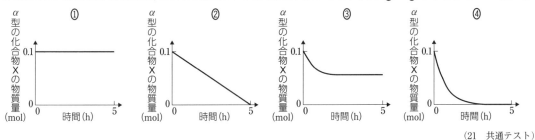

(21　共通テスト)

238 **ポリペプチド** **3分**　分子量 $2.56×10^4$ のポリペプチド鎖Aは、アミノ酸B(分子量89)のみを脱水縮合して合成されたものである。図のように、Aがらせん構造をとると仮定すると、Aのらせんの全長Lは何 nm か。最も適当な数値を、次の①〜⑥のうちから一つ選べ。ただし、らせんのひと巻きはアミノ酸の単位3.6個分であり、ひと巻きとひと巻きの間隔を 0.54 nm(1 nm$=1×10^{-9}$m)とする。

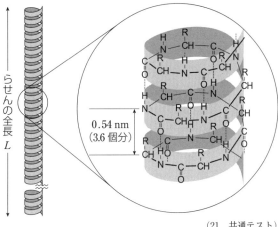

①　43　　②　54　　③　72　　④　$1.6×10^2$
⑤　$1.9×10^2$　　⑥　$2.6×10^2$

(21　共通テスト)

239 **ジペプチドの構成** **3分**　ジペプチドAは、アスパラギン酸、システイン、チロシンの3種類のアミノ酸のうち、同種あるいは異種のアミノ酸が脱水縮合した化合物である。ジペプチドAを構成しているアミノ酸の種類を決めるために、アスパラギン酸、システイン、チロシン、ジペプチドAの成分元素の含有率を質量パーセント〔%〕で比較したところ、下図のようになった。ジペプチドAを構成しているアミノ酸の組合せとして最も適当なものを、下の①〜⑥のうちから一つ選べ。

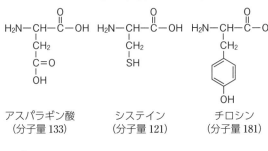

アスパラギン酸
(分子量133)
システイン
(分子量121)
チロシン
(分子量181)

①　アスパラギン酸とアスパラギン酸
②　アスパラギン酸とシステイン
③　アスパラギン酸とチロシン
④　システインとシステイン
⑤　システインとチロシン
⑥　チロシンとチロシン

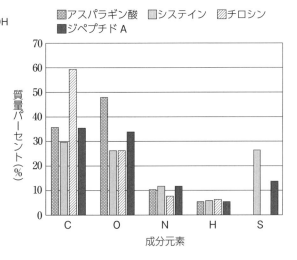

(19　センター本試)

第Ⅴ章　高分子化合物

117

14 合成高分子化合物

1 合成高分子化合物

合成高分子化合物…単量体(モノマー)を多数重合させて得られる(^{ア}　　　　)(ポリマー)。重合体中の
繰り返し単位の数を(^{イ}　　　　)という。

縮合重合…2つ以上の官能基をもつ単量体が縮合
しながら重合。

付加重合…C=C結合をもつ単量体が互いに付加
しながら重合。

…＋ 🔵🔵 ＋ 🔵🔵 ＋ 🔵🔵 ＋ 🔵🔵 ＋…
　単量体　単量体　単量体　単量体

⇩ 縮合重合

…🔵🔵🔵🔵🔵…

重合体(高分子)

…＋ ⚫⚪ ＋ ⚫⚪ ＋ ⚫⚪ ＋…
　単量体　単量体　単量体

⇩ 付加重合

…⚫⚪⚫⚪⚫⚪⚫⚪…

重合体(高分子)

|性質| ①重合度や分子量の異なる高分子が存在するため、分子量は平均分子量で表す。

②一定の融点を示さず、加熱すると(^{ウ}　　　　)点で軟化する。

③分子が規則的に配列した結晶領域と、不規則に配列した非晶領域をもつ。

2 合成繊維

合成繊維…糸状に引きのばして利用される合成高分子化合物。

名称	単量体	重合体	重合反応
エ	$H_2N-(CH_2)_6-NH_2$ ヘキサメチレンジアミン $HOOC-(CH_2)_4-COOH$ アジピン酸	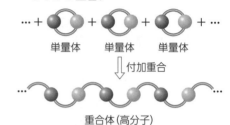	縮合重合
ナイロン6	カプロラクタム（構造式）	$\left[N-(CH_2)_5-C \atop{H \quad\quad O} \right]_n$	開環重合
オ	$HOOC-\bigcirc-COOH$ テレフタル酸 $HO-CH_2-CH_2-OH$ エチレングリコール	$\left[O-CH_2-CH_2-O-C-\bigcirc-C \atop{O \quad\quad O} \right]_n$	縮合重合
アクリル繊維	$CH_2=CHCN$ アクリロニトリル $CH_2=CHCOOCH_3$ アクリル酸メチル	$\cdots-CH_2-CH-CH_2-CH-\cdots \atop{\quad\quad CN \quad\quad COOCH_3}$	付加重合
ビニロン	$CH_2=CHOCOCH_3$ 酢酸ビニル HCHO ホルムアルデヒド	$\cdots-CH_2-CH-CH_2-CH-CH_2-CH-\cdots \atop{\quad O-CH_2-O \quad\quad OH}$	付加重合

3 合成樹脂

①熱可塑性樹脂 加熱するとやわらかくなり、冷却すると硬化する。鎖状構造のものが多い。

合成樹脂	単量体	特性	用途
ポリエチレン	$CH_2=CH_2$	透明で、薬品に強い	包装材、容器
ポリプロピレン	$CH_2=CHCH_3$	熱に強い	繊維、容器
ポリスチレン	$CH_2=CHC_6H_5$	透明で、かたい	台所用品、梱包材
ポリ塩化ビニル	$CH_2=CHCl$	耐水性、薬品に強い	パイプ、建材

②熱硬化性樹脂 加熱によって反応がすすみ、硬化してできた樹脂。立体網目状構造のものが多い。

合成樹脂	単量体	重合体	特性
(カ　　　　) 樹脂	C_6H_5OH $HCHO$		かたくて、電気絶縁性がよい
(キ　　　　) 樹脂	$CO(NH_2)_2$ $HCHO$		接着力にすぐれ、着色しやすい
メラミン樹脂	$C_3N_3(NH_2)_3$ $HCHO$		耐久性・耐熱性にすぐれ、高い強度をもつ

③イオン交換樹脂 水溶液中のイオンを同じ符号の電荷をもった他のイオンに交換する。

（ク　　　　）**イオン交換樹脂**　　　　　　　　　（ケ　　　　）**イオン交換樹脂**

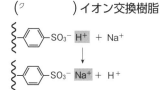

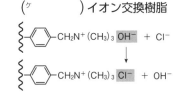

4 ゴム

①天然ゴム イソプレンが重合した構造をもち、イソプレン単位ごとに1個のシス形の二重結合がある。

②加硫 ゴムと硫黄を反応させ、ゴム分子間に硫黄原子で架橋させ、弾性のあるゴムをつくる操作。

③合成ゴム 付加重合や共重合によって合成される。

名称	単量体	重合体	用途
ブタジエンゴム	$CH_2=CHCH=CH_2$	$+CH_2-CH=CH-CH_2+_n$	接着剤、玩具
(コ)	$CH_2=CHCH=CH_2$ $CH_2=CHC_6H_5$	$\cdots-CH_2-CH=CH-CH_2-CH_2-CH-\cdots$	タイヤ、くつ底

解答

（ア）重合体　（イ）重合度　（ウ）軟化（ガラス転移）
（エ）ナイロン66　（オ）ポリエチレンテレフタラート　（カ）フェノール
（キ）尿素　（ク）陽　（ケ）陰　（コ）スチレンブタジエンゴム

共通テスト攻略のPoint!
合成高分子化合物の重合体、単量体を整理しておく。また、合成樹脂の性質をおさえておく。

必修例題 ㉖　1分子中のメチレン基の数

関連問題 ➡ 242

飽和脂肪族ジカルボン酸 $HOOC-(CH_2)_x-COOH$ とヘキサメチレンジアミン $H_2N-(CH_2)_6-NH_2$ を縮合重合させて、図に示す直鎖状の高分子を得た。この高分子の平均重合度 n は100、平均分子量は $2.82×10^4$ であった。1分子のジカルボン酸に含まれるメチレン基 $-CH_2-$ の数 x はいくつか。最も適当な数値を、下の①～⑤のうちから一つ選べ。

$$\left[\begin{array}{c} C-(CH_2)_x-C-N-(CH_2)_6-N \\ \parallel \quad\quad\quad \parallel \; | \quad\quad\quad\quad | \\ O \quad\quad\quad\; O \; H \quad\quad\quad\quad H \end{array} \right]_n$$

① 4　　② 6　　③ 8　　④ 10　　⑤ 12

(18　センター本試)

解説　平均分子量 $2.82×10^4$、平均重合度100から、繰り返し単位1つあたりの分子量は、次のように求められる。

$$\frac{2.82×10^4}{100}=2.82×10^2$$

メチレン基 $-CH_2-$ 1個あたりの式量は $12+2=14$ であるので、図から、次の関係が成り立つ。

$$28×2+14x+15×2+14×6=282$$

整理して、　$14x+170=282$　　　$x=8$
したがって、正解は③である。

● **CHECK POINT**

単量体1分子あたりの分子量は、高分子化合物の平均分子量を平均重合度(重合体中の繰り返し単位数)で割ると求められる。

解答　③

必修問題

ESSENTIAL

☑ **240** ☆☆☆ **合成高分子化合物の特徴** 1分　合成高分子化合物に関する記述として**誤りを含むもの**を、次の①～⑤のうちから一つ選べ。

① 鎖状構造だけでなく、網目状構造の高分子もある。
② 重合度の異なる分子が集まってできている。
③ 非結晶部分(無定形部分)をもたない。
④ 明確な融点を示さない。
⑤ 熱可塑性樹脂は、加熱によって成形加工しやすくなる。

(15　センター追試)

☑ **241** ☆☆☆ **重合体と単量体** 1分　次の高分子化合物(**a・b**)の合成には、下に示した原料(単量体)**ア～カ**のうち、どの二つが用いられるか。その組合せとして最も適当なものを、下の①～⑧のうちから一つずつ選べ。

a　ナイロン66　　　　**b**　合成ゴム(SBR)

$$HO-\overset{\overset{\displaystyle O}{\parallel}}{C}-(CH_2)_4-\overset{\overset{\displaystyle O}{\parallel}}{C}-OH$$
ア

$$CH_2=CH-CH=CH_2$$
イ

$$H_2N-(CH_2)_6-NH_2$$
ウ

⬡−OH
エ

⬡−CH=CH_2
オ

H_2N−⬡−NH_2
カ

① アとウ　　② アとエ　　③ アとカ　　④ イとエ
⑤ イとオ　　⑥ ウとエ　　⑦ エとオ　　⑧ オとカ

(20　センター本試)

242 ☆☆☆ **平均分子量** 〈3分〉　右の高分子化合物Aは両端にカルボキシ基をもち、テレフタル酸とエチレングリコールを適切な物質量の比で縮合重合させることによって得られた。$1.00\,g$のAには1.2×10^{19}個のカルボキシ基が含まれていた。Aの平均分子量はいくらか。最も適当な数値を、下の①～⑥のうちから一つ選べ。ただし、アボガドロ数を6.0×10^{23}とする。

$$HO-\left[\overset{O}{\underset{\parallel}{C}}-\!\!\!\!\!\!\!\!\!\bigcirc\!\!\!\!\!\!\!\!\!-\overset{O}{\underset{\parallel}{C}}-O-(CH_2)_2-O-\overset{O}{\underset{\parallel}{C}}-\!\!\!\!\!\!\!\!\!\bigcirc\!\!\!\!\!\!\!\!\!-\overset{O}{\underset{\parallel}{C}}-OH\right]_n$$

　① 2.5×10^4　② 5.0×10^4　③ 1.0×10^5　④ 2.5×10^5　⑤ 5.0×10^5　⑥ 1.0×10^6

(19　センター本試)

243 ☆☆☆ **ビニロンの生成** 〈4分〉　図に示すように、ポリビニルアルコール（繰り返し単位の式量44）をホルムアルデヒドの水溶液で処理すると、ヒドロキシ基の一部がアセタール化されて、ビニロンが得られる。ヒドロキシ基の50%がアセタール化される場合、ポリビニルアルコール$88\,g$から得られるビニロンは何gか。最も適当な数値を、下の①～⑥のうちから一つ選べ。

```
…─CH─CH₂─CH─CH₂…  …─CH─CH₂─CH─CH₂─…
   │        │           │        │
   OH       OH          OH       OH
```
ポリビニルアルコール

↓ ホルムアルデヒドの水溶液

```
…─CH─CH₂─CH─       ─CH─CH₂─CH─
   │        │         │        │
   O   CH₂  O         OH       OH
```
ビニロン

　① 91　　② 94　　③ 96　　④ 98　　⑤ 100　　⑥ 102

(15　センター本試)

244 ☆☆☆ **フェノール樹脂** 〈2分〉　フェノール樹脂に関する次の文章中の空欄　ア　～　ウ　にあてはまる語および構造式の組合せとして最も適当なものを、下の①～④のうちから一つ選べ。

　フェノール樹脂の合成では、酸を触媒としてフェノールとホルムアルデヒドを反応させると、まず　ア　反応により化合物A（$C_7H_8O_2$）が生成し、化合物Aはさらにもう一分子のフェノールと　イ　反応をおこす。このとき生成する化合物のうち、主成分の構造式は　ウ　である。このような　ア　反応と　イ　反応を繰り返すことにより、三次元網目状のフェノール樹脂が生成する。

	ア	イ	ウ		ア	イ	ウ
①	縮合	付加	OH－C(=O)－OH（両端にOH基のベンゼン環）	③	付加	縮合	OH－C(=O)－OH（両端にOH基のベンゼン環）
②	縮合	付加	OH－CH₂－OH（両端にOH基のベンゼン環）	④	付加	縮合	OH－CH₂－OH（両端にOH基のベンゼン環）

(17　センター追試)

245 ☆☆☆ **合成高分子化合物** 〈1分〉　合成高分子化合物に関する記述として最も適当なものを、次の①～④のうちから一つ選べ。

　① すべての合成ゴムは、分子内に二重結合を二つもつ化合物のみから合成される。
　② マテリアルリサイクルの手法では、プラスチックは加熱・融解されることなく再製品化される。
　③ ポリメタクリル酸メチル（メタクリル樹脂）は、透明度が高い。
　④ フェノール樹脂は、電気伝導性が高い。

(18　センター追試)

☑ **246** ☆☆ 合成ゴムの単量体比 **4分** アクリロニトリル（C_3H_3N）とブタジエン（C_4H_6）を共重合させてアクリロニトリル–ブタジエンゴムをつくった。このゴム中の炭素原子と窒素原子の物質量の比を調べたところ、19：1であった。共重合したアクリロニトリルとブタジエンの物質量の比（アクリロニトリルの物質量：ブタジエンの物質量）として最も適当なものを、次の①～⑦のうちから一つ選べ。

    ① 4：1   ② 3：1   ③ 2：1   ④ 1：1   ⑤ 1：2   ⑥ 1：3   ⑦ 1：4

（16　センター本試）

☑ **247** ☆☆☆ 合成高分子化合物の性質と用途 **1分** 高分子の性質や用途に関する記述として**誤りを含むもの**を、次の①～⑤のうちから一つ選べ。

    ① 合成高分子には、酵素や微生物によって分解されるものがある。
    ② 陰イオン交換樹脂は、強塩基の水溶液で処理することにより再生できる。
    ③ 生ゴムに硫黄を数パーセント加えて加熱すると、弾性が小さくなる。
    ④ ポリエチレンテレフタラート（PET）は、合成繊維として衣服などに用いられる。
    ⑤ カルボン酸のナトリウム塩を分子内に含む網目構造の高分子は、高い吸水性をもち、紙おむつなどに用いられる。

（16　センター本試）

☑ **248** ☆☆☆ 平均分子量 **2分** 次に示す繰り返し単位をもつ高分子化合物Aの平均分子量は2.60×10^4であり、mとnの和は400である。Aを完全にけん化したのち、十分な量の酸で処理して高分子化合物Bを合成した。得られたBの平均分子量はいくらか。最も適当な数値を、下の①～⑤のうちから一つ選べ。

高分子化合物 A

    繰り返し単位 の式量 58   繰り返し単位 の式量 86

    ① 1.76×10^4 ② 1.90×10^4 ③ 2.18×10^4 ④ 2.46×10^4 ⑤ 2.74×10^4

（20　センター追試）

☑ **249** ☆☆☆ ポリ乳酸の分解 **4分** ポリ乳酸は、生分解性高分子の一種であり、自然界では微生物によって最終的に水と二酸化炭素に分解される。図に示すポリ乳酸（式量72）6.0 g が完全に分解されたとき、発生する二酸化炭素の0℃、1.013×10^5 Pa における体積は何Lか。最も適当な数値を次の①～⑤のうちから一つ選べ。

    ① 1.9   ② 3.7   ③ 5.6   ④ 7.5   ⑤ 9.3

（17　センター本試）

☑ **250** ☆☆☆ 陽イオン交換樹脂 **4分** 陽イオン交換樹脂を用いると、水溶液に含まれるナトリウムイオンNa^+を除去することができる。図のように、3.0×10^{22} 個のスルホ基 $-SO_3H$ をもつ陽イオン交換樹脂を用いて、0.050 mol/L の硫酸ナトリウム水溶液 60 mL から Na^+ を除去した。完全に除去できたものとすると、硫酸ナトリウム水溶液中の Na^+ との交換に使われたスルホ基は、用いた陽イオン交換樹脂のスルホ基のうち何％か。最も適当な数値を、下の①～⑥のうちから一つ選べ。

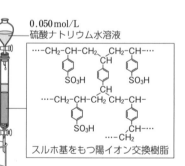

0.050 mol/L
硫酸ナトリウム水溶液

スルホ基をもつ陽イオン交換樹脂

    ① 1.2   ② 3.0   ③ 6.0   ④ 12   ⑤ 30   ⑥ 60

（18　センター追試）

活用問題

251 **アミノ酸の分離** 〈7分〉　アミノ酸は、分子内に酸性と塩基性の両方の官能基をもち、水溶液の pH によって分子全体の電荷の総和が変化する。分子全体としての電荷の総和が 0 になる pH を等電点といい、pH が等電点より大きいときは ┃ ア ┃、小さいときは ┃ イ ┃ になる。等電点の違いを利用することで複数のアミノ酸の混合物から各アミノ酸をイオン交換樹脂によって分離できる。

┃ ウ ┃ 交換樹脂は、樹脂に導入された酸性の置換基の H^+ と水溶液中の ┃ ウ ┃ を交換できる。酸性の置換基として、スルホ基などが用いられる。┃ ウ ┃ 交換樹脂を詰めたカラム（筒状の容器）に強い酸性にしたアミノ酸の水溶液を流し入れると、アミノ酸は樹脂に吸着する。このカラムに順次 pH を大きくしながら、異なる緩衝液を流し入れると、緩衝液の pH が等電点に達したときに、吸着したアミノ酸は樹脂から離れて溶出する。

ここに 3 種類のアミノ酸A、B、Cがある。A、B、Cの等電点は、それぞれ6.0、9.7および2.8である。また、いずれも不斉炭素原子をもち、キサントプロテイン反応で呈色しない。これらのことから、(a)A、B、Cの構造を決定することができる。複数のアミノ酸を含む水溶液からイオン交換樹脂を用いて各アミノ酸を分離することを考える。いま、A、B、Cを含む塩酸酸性の水溶液（pH＝2.0）がある。この水溶液を ┃ ウ ┃ 交換樹脂が詰められたカラムの上から流し入れ、全てのアミノ酸を樹脂に吸着させる。その後、pH＝5.0、8.0、11.0の緩衝液をこの順にカラムの上から流し入れると、アミノ酸は ┃ エ ┃ の順でカラムの下から溶出し、A、B、Cを分離することができる。

問1 ┃ ア ┃〜┃ ウ ┃にあてはまる語の組合せとして正しいものを、下の①〜④のうちから一つ選べ。

	ア	イ	ウ		ア	イ	ウ
①	陽イオン	陰イオン	陽イオン	③	陰イオン	陽イオン	陽イオン
②	陽イオン	陰イオン	陰イオン	④	陰イオン	陽イオン	陰イオン

問2 下線部(a)について、A、B、Cの組合せとして正しいものを、下の①〜④のうちから一つ選べ。

	A	B	C
①	H-CH-C-OH（NH₂, =O）	HO-⬡-CH₂-CH-C-OH（NH₂, =O）	H₂N-(CH₂)₄-CH-C-OH（NH₂, =O）
②	H₃C-CH-C-OH（NH₂, =O）	HO-C-CH₂-CH-C-OH（=O, NH₂, =O）	H₂N-(CH₂)₄-CH-C-OH（NH₂, =O）
③	H-CH-C-OH（NH₂, =O）	H₂N-(CH₂)₄-CH-C-OH（NH₂, =O）	HO-C-CH₂-CH-C-OH（=O, NH₂, =O）
④	H₃C-CH-C-OH（NH₂, =O）	H₂N-(CH₂)₄-CH-C-OH（NH₂, =O）	HO-C-CH₂-CH-C-OH（=O, NH₂, =O）

問3 アミノ酸の溶出する順番 ┃ エ ┃ として正しいものを、下の①〜⑥のうちから一つ選べ。

① A→B→C　　② A→C→B　　③ B→A→C

④ B→C→A　　⑤ C→A→B　　⑥ C→B→A

(17 関西大 改)

必要があれば、原子量は次の値を使うこと。

H 1.0　　C 12　　O 16　　Fe 56

気体は、実在気体とことわりがない限り、理想気体として扱うものとする。

第1問　次の文章（**A ～ C**）を読み、問い（**問1 ～ 7**）に答えよ。

〔解答番号 | 1 | ～ | 7 | 〕（配点　25）

A　メタンと水はともに水素化合物であり、分子量は近いが、<u>融点・沸点などの性質は大きく異なって</u><u>いる</u>。この2つの物質は、低温・高圧の条件下では、メタン分子が水分子に取り囲まれ、メタンハイドレートとよばれる氷状の固体物質になることが知られている。

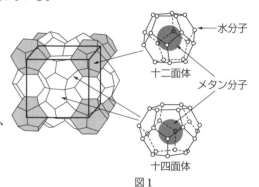

図1

　メタンハイドレートの結晶構造は図1のような、水分子がつくる十二面体と十四面体の2種類の"かご"が組み合わさって形成された構造が骨格となり、これらの"かご"の中心にメタン分子が一つずつ取り込まれている。

　このメタンハイドレートは、「燃える氷」ともよばれ、近年、日本近海の海底面下にも多く存在していることが確認されており、将来のエネルギー資源として期待されている。

問1　下線部で、メタンと水を含む14族および16族の水素化合物における分子量と沸点について、最も適当なグラフを、次の①～⑥のうちから一つ選べ。| 1 |

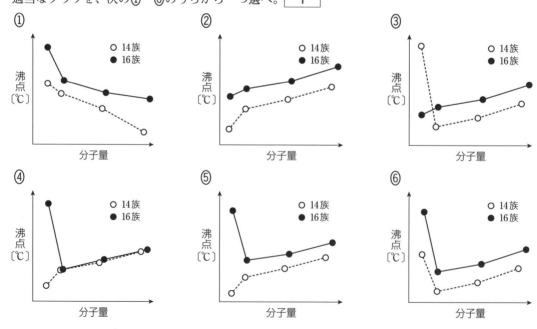

問2 メタンハイドレートの単位格子では、水分子がつくる十二面体の"かご"は、立方体の中心と各頂点に位置し、十四面体の"かご"は、立方体の各面に2個ずつ位置している。それぞれの"かご"の中心を点で示すと、単位格子は、図2のように表される。

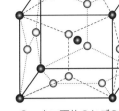

● ：十二面体のかごの中心
○ ：十四面体のかごの中心

図2

この結晶中のメタン分子の数と水分子の数の比として最も適当なものを次の①〜⑥のうちから一つ選べ。ただし、単位格子あたりに含まれる水分子は46個である。　[2]

① 1：2.19
② 1：5.75
③ 1：8
④ 1：13.5
⑤ 1：26
⑥ 1：46

B 次の化学反応式で表される反応がある。

$$3A + 2B \rightleftarrows 4C \qquad \cdots(1)$$

ある温度のもとで、この反応を行ったところ、表に示す結果が得られた。

実験番号	Aの濃度〔mol/L〕	Bの濃度〔mol/L〕	Cの生成速度〔mol/(L·s)〕
1	2.00×10^{-2}	2.00×10^{-2}	0.112
2	4.00×10^{-2}	2.00×10^{-2}	0.448
3	2.00×10^{-2}	4.00×10^{-2}	0.224

問3 式(1)の反応で、Aの濃度を3.00×10^{-2} mol/L、Bの濃度を1.00×10^{-2} mol/L としたときの、Cの生成速度として最も適当なものを、次の①〜⑥のうちから一つ選べ。　[3]　mol/(L·s)

① 0.0420
② 0.0840
③ 0.126
④ 0.168
⑤ 0.224
⑥ 0.504

問4 図3は、式(1)において、正反応が進む方向とエネルギーの関係を示している。この反応に関して、正反応で出入りする熱（発熱か吸熱）と逆反応の活性化エネルギーの組合せとして最も適当なものを、次の①〜⑥のうちから一つ選べ。　[4]

	正反応で出入りする熱	逆反応の活性化エネルギー
①	発熱	E_1
②	発熱	E_2
③	発熱	E_1-E_2
④	吸熱	E_1
⑤	吸熱	E_2
⑥	吸熱	E_1-E_2

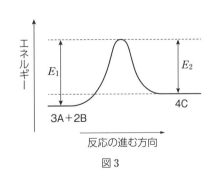

図3

C 次の問いに答えよ。

問5 酸素原子について、最も大きな数値を与える式を、次の①～⑤のうちから一つ選べ。 □ 5

① （原子核の質量）÷（陽子の質量の総和）
② （中性子の質量の総和）÷（電子の質量の総和）
③ （陽子の総数）÷（電子の総数）
④ （^{18}O の質量）÷（^{16}O の質量）
⑤ （^{18}O の陽子の総数）÷（^{16}O の陽子の総数）

問6 わたしたちの生活の中や自然界では、さまざまな化学変化が見られる。これらの化学変化に関する次の記述①～⑤のうちから、**誤りを含むもの**を一つ選べ。 □ 6

① グルコースは、酵母菌に含まれる酵素の作用でエタノールになる。この反応は酒類の製造に利用されている。
② 塩素系漂白剤は次亜塩素酸ナトリウムを含み、酸性洗剤と混合すると塩素が発生して危険である。
③ ガソリン自動車の排ガス中に含まれる窒素酸化物は、主にガソリン中の窒素化合物の燃焼によって生じる。
④ 石灰岩の主成分は炭酸カルシウムであり、石灰岩地帯では雨水に溶けた二酸化炭素の働きによって、鍾乳洞が見られることがある。
⑤ 植物は光エネルギーを利用して、二酸化炭素と水から、グルコースやデンプンなどの糖類を合成している。

問7 下のエネルギー図をもとにした次の記述①～⑤のうちから、正しいものを一つ選べ。 □ 7

① 一酸化炭素の燃焼エンタルピーは −566 kJ/mol である。
② 二酸化炭素の生成エンタルピーは −394 kJ/mol である。
③ 一酸化炭素 2 mol と酸素 1 mol がもっているエネルギーの和は、二酸化炭素 2 mol がもっているエネルギーよりも小さい。
④ C（黒鉛）の燃焼エンタルピーと一酸化炭素の生成エンタルピーは等しい。
⑤ $CO_2 \longrightarrow$ C（黒鉛）$+O_2$ の反応は、発熱反応である。

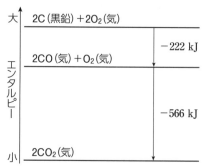

第2問 次の文章（**A・B**）を読み、問い（**問1〜6**）に答えよ。

〔解答番号 8 〜 14 〕（配点 20）

A 酸化マンガン（Ⅳ）と濃塩酸を次の実験装置で反応させて、塩素を発生させた。

この反応式は次式で表される。

$$MnO_2 + 4HCl \longrightarrow MnCl_2 + 2H_2O + Cl_2$$

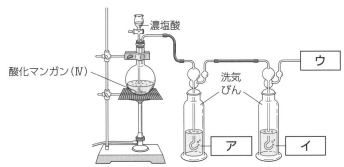

問1 実験装置中の物質 ア 、 イ 、生じた塩素の捕集方法 ウ として最も適切な組合せを、次の①〜⑥のうちから一つ選べ。 8

	ア	イ	ウ		ア	イ	ウ
①	水	濃硫酸	上方置換	④	濃硫酸	水	上方置換
②	水	濃硫酸	下方置換	⑤	濃硫酸	水	下方置換
③	水	濃硫酸	水上置換	⑥	濃硫酸	水	水上置換

問2 次の①〜④の操作によって**塩素が生じないもの**を一つ選べ。 9

① 炭素電極を用いて、塩化ナトリウム水溶液を電気分解した。

② 高度さらし粉に塩酸を加えた。

③ 濃塩酸に過マンガン酸カリウム水溶液を加えた。

④ 塩化ナトリウムに濃硫酸を加えて加熱した。

問3 次の文章はハロゲンに関する実験について述べたものである。下線部(a)〜(c)の正誤について、正しい組合せを下の①〜⑧のうちから一つ選べ。 10

試験管に 0.10 mol/L の臭化カリウム水溶液を 5.0 mL 加え、ここに十分な量の塩素を吹き込んだところ、(a)溶液の色が変化した。さらに、この試験管に 5.0 mL のヘキサンを加え、よく振った後静置すると2層になった。このとき (b)上層は無色であった。

また、別の試験管に 0.10 mol/L の臭化カリウムを 5.0 mL 加え、ここに少量のヨウ素を加えたところ、(c)溶液の色が赤褐色に変化した。

	a	b	c		a	b	c
①	正	正	正	⑤	誤	正	正
②	正	正	誤	⑥	誤	正	誤
③	正	誤	正	⑦	誤	誤	正
④	正	誤	誤	⑧	誤	誤	誤

予想模擬テスト

1

2

B 自然界に存在する多くの金属は、鉱石中に酸化物や硫化物などの化合物として存在しており、製錬によって、鉱石から単体の金属を取り出して材料などに利用している。金属の歴史は、製錬のしやすさと大きくかかわっており、イオン化傾向の小さい銅は古くから製錬が行われていた。一方、イオン化傾向の大きいアルミニウムの単体が溶融塩電解でつくられるようになったのは、19世紀末になってからのことである。

問4 鉄の製錬に関する記述として**誤りを含むもの**を、次の①～⑤のうちから一つ選べ。 | 11 |

① 単体の鉄は鉄鉱石をコークスから生じた二酸化炭素で還元して得る。

② 赤鉄鉱(主成分 Fe_2O_3)から単体の鉄を得たとき、鉄の酸化数は +3 から 0 に変化している。

③ 溶鉱炉で得られる銑鉄には、不純物として炭素が約 4 ％含まれる。

④ 高温にした銑鉄を転炉に入れて酸素を吹き込むと、炭素含有量を0.02 ～ 2 ％にした鋼が得られる。

⑤ 鉄鉱石中の不純物である SiO_2 などをスラグとして取り除くために、石灰石を加える。

問5 銅やアルミニウムの製錬に関する記述として**誤りを含むもの**を、次の①～⑤のうちから一つ選べ。 | 12 |

① 銅の原料となる鉱石(黄銅鉱)には、主成分として銅や鉄の他に、硫黄が含まれる。

② 銅の電解精錬では、陰極に純銅、陽極に粗銅を用いる。

③ 銅の電解精錬では、陽極に含まれる不純物のうち、イオン化傾向の小さい金属は、陽極泥として沈殿する。

④ アルミニウムの単体は、融解させた氷晶石にアルミナを溶かして電気分解を行うことで得られる。

⑤ 炭素を電極としてアルミナを溶融塩電解すると、陰極からは気体が発生する。

問6 主成分である Fe_2O_3 を質量パーセントで90％含む鉄鉱石 100 kg を製錬して得られる鋼は何 kg か。有効数字 2 桁で求め、 | 13 | | 14 | にあてはまる数値を、次の①～⓪のうちから一つずつ選べ。ただし、鉄鉱石中の鉄の成分はすべて鋼になるものとする。また、鋼に含まれる鉄以外の成分は非常に少なく、無視できるものとする。 | 13 | | 14 | kg

① 1   ② 2   ③ 3   ④ 4   ⑤ 5

⑥ 6   ⑦ 7   ⑧ 8   ⑨ 9   ⓪ 0

第3問 次の文章（**A・B**）を読み、問い（**問1～6**）に答えよ。

〔解答番号 15 ～ 21 〕（配点 20）

A アルケンの C＝C 結合へ臭素 Br_2 が付加するときに、どのような生成物が生じやすいかは、次のような考え方にもとづいて説明される。

C＝C 結合への臭素の付加反応は二段階でおこることが知られている。まず一段階目は、C＝C 結合への Br^+ の付加反応による Br^+ を含む環を有する中間体の形成である（図1）。そして二段階目は、臭化物イオン Br^- による環の反対側からの開環反応である（図2）。ここで図1はアルケンの平面の上側から Br^+ が接近した場合である。生成物の立体構造は、中間体に対する Br^- の反応位置により決定する。すなわち、図2のように中間体の左側の炭素と反応すると、生成物1が得られる。

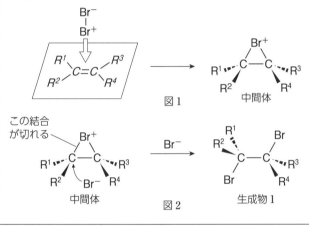

注1 R^1 ～ R^4 はアルキル基、または水素原子を表す。
注2 太い線で表された結合は手前側、破線で表された結合は紙面の奥側への結合を表す。
注3 $R^1 \neq R^2 \neq R^3 \neq R^4$ である。

問1 鏡像異性体が存在するものを、次の①～⑤のうちから二つ選べ。 15 ・ 16

① $CH_3-CH-CH_3$ ｜ OH

② CH_3-C-CH_3 ‖ O

③ $CH_3-CH-COOH$ ｜ OH

④ $CH_3-CH-CH_2-CH_3$ ｜ OH

⑤ $CH_3-CH-CH_2-CH_3$ ｜ CH_3

問2 生成物1と同じ化合物を、次の①～④のうちから一つ選べ。 17

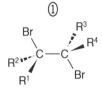 ①   ②   ③ ④

問3 図2において、Br^- が中間体の右側の炭素と反応したときに得られる生成物を、次の①～④のうちから一つ選べ。 18

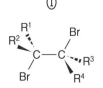 ①   ②   ③ 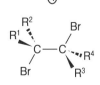 ④

B　6種類のベンゼンの一置換体を含むジエチルエーテル溶液から、分液ろうとを用いた抽出法により、これらを分離することとした。その手順を図に示した。ここで、含まれる芳香族化合物は以下の6種類の化合物である。

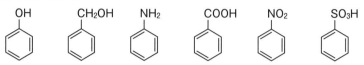

操作1　試料のジエチルエーテル溶液に水酸化ナトリウム水溶液を加え、分液ろうとを用い抽出を行い、エーテル層Iと水層Iに分離した。

操作2　エーテル層Iに塩酸を加えて抽出を行い、エーテル層Aと水層Bに分離した。

操作3　水層Iに二酸化炭素を吹き込み、ジエチルエーテルを加えて抽出を行い、エーテル層Cと水層Dに分離した。

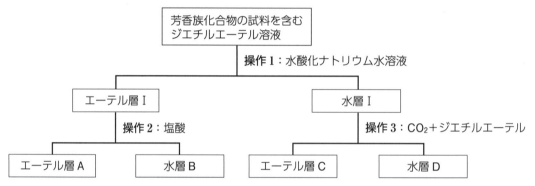

問4　与えられた化合物のうち、水層Iに含まれる化合物は何種類あるか。最も適当な数値を、次の①〜⑥のうちから一つ選べ。　19

　　　① 1　　　　② 2　　　　③ 3　　　　④ 4　　　　⑤ 5　　　　⑥ 6

問5　エーテル層Cに含まれる化合物を検出する操作として最も適切なものを次の①〜④の中から一つ選べ。　20

　　　① さらし粉水溶液を加える。
　　　② 濃硝酸と濃硫酸を加える。
　　　③ 塩化鉄(Ⅲ)水溶液を加える。
　　　④ 金属ナトリウムを加える。

問6　操作1を行う際に、誤って炭酸水素ナトリウム水溶液を用いて分離を行った。このとき、A〜Dに含まれる化合物の数を次の①〜⑥の中から選べ。　21

	A	B	C	D			A	B	C	D
①	3	1	1	1		④	3	1	0	2
②	2	1	2	1		⑤	1	1	3	1
③	1	2	1	2		⑥	2	1	0	3

水溶液中で酢酸は電離し、次のような電離平衡となる。

$$CH_3COOH \rightleftharpoons H^+ + CH_3COO^- \quad \cdots(1)$$

平衡時において、水溶液に加えた全酢酸に対する酢酸イオンの割合をαとすると、αは次の式で表せる。

$$\alpha = \frac{\boxed{ア}}{\boxed{イ} + \boxed{ウ}} \quad \cdots(2)$$

酢酸の水溶液に外部から強酸や強塩基を加えると、式(1)の平衡が移動するため、αの値は変化する。図1は、温度一定のもとで、酢酸の水溶液のpHを変化させたとき、αがどのように変化するかを示したものである。

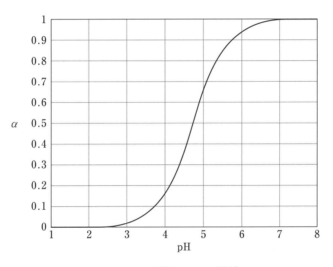

図1 電離度とpHの関係

酢酸の電離定数をK_a〔mol/L〕とすると、K_aは式(3)のように表される。

$$K_a = \frac{[H^+][CH_3COO^-]}{[CH_3COOH]} \quad \cdots(3)$$

式(3)の両辺に常用対数をとって整理すると、式(4)が得られる。

$$\log_{10} K_a = \log_{10}[H^+] + \log_{10}\boxed{エ} - \log_{10}\boxed{オ} \quad \cdots(4)$$

ここで、pH$=-\log_{10} K_a$となるときのpHの値を図から読みとると$\boxed{カ}$となる。

酢酸と酢酸ナトリウムの混合水溶液は緩衝液とよばれ、外部から少量の酸や塩基を加えても、水溶液のpHはあまり変化しない。水溶液中で、酢酸ナトリウムは次のようにほぼすべてが電離する。

$$CH_3COONa \longrightarrow Na^+ + CH_3COO^- \quad \cdots(5)$$

式(5)で生じた酢酸イオンにより、式(1)における酢酸の電離は抑えられる。したがって、この水溶液中では、酢酸ナトリウムから生じた酢酸イオンと酢酸が多量に共存することになる。ここに、例えば酸が外部から加えられると、式(6)のようにH$^+$が吸収されるため、pHはあまり変化しない。

$$CH_3COO^- + H^+ \longrightarrow CH_3COOH \quad \cdots(6)$$

問 1 式(2)、および式(4)において、 ア ～ オ にあてはまる最も適当なものを、次の①～⑥のうちからそれぞれ一つずつ選べ。なお、同じ選択肢を複数解答してもよい。

ア 22   イ 23   ウ 24   エ 25   オ 26

① $[OH^-]$ ② $[H^+]^2$ ③ $[CH_3COOH]$
④ $[CH_3COOH]^2$ ⑤ $[CH_3COO^-]$ ⑥ $[CH_3COO^-]^2$

問 2 カ にあてはまる最も適当な数値を、次の①～⑥のうちから一つ選べ。 27

① 3.2   ② 3.6   ③ 4.3   ④ 4.7   ⑤ 5.1   ⑥ 5.5

問 3 酢酸と酢酸ナトリウムがともに 0.050 mol/L の濃度である混合水溶液Aが 1.0L ある。この緩衝液に塩化水素を 0.010 mol 溶かしこみ、混合水溶液Bを得た。このとき、塩化水素の電離で生じた H^+ は、式(6)のように反応する。混合水溶液Bの pH を図を用いて求めると、およそいくらになるか。最も適当な数値を、次の①～⑥のうちから一つ選べ。ただし、塩化水素を溶かし込んだとき、水溶液の体積は変化しないものとする。 28

① 4.0   ② 4.2   ③ 4.4   ④ 4.6   ⑤ 4.8   ⑥ 5.0

問 4 中和滴定に用いられる指示薬は、それ自身が酸または塩基としてはたらく。指示薬の化学式を HA とすると、水溶液中で次の電離平衡が成り立つ。

$$HA \rightleftarrows H^+ + A^- \quad \cdots(7)$$

水溶液の pH によって(7)式の平衡が移動するため、$[HA]$ および $[A^-]$ は変動する。HA および A^- はそれぞれ特有の色をもっており、水溶液における $[HA]$ と $[A^-]$ の濃度比が10以上の場合は A^- の色が、0.1以下のときは HA の色がおもに見える。すなわち、$0.1 \leqq \dfrac{[A^-]}{[HA]} \leqq 10$ に対応する pH の範囲が指示薬の変色域となる。いま、指示薬Pがあり、はじめにあった HA の全量に対する A^- の割合 β と pH の関係は図2のようになる。

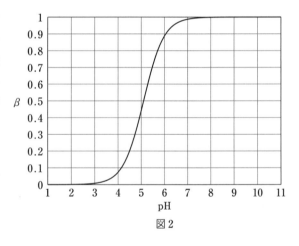

図 2

指示薬Pの変色域を 29 ≦pH≦ 30 と表すとき、これにあてはまる最も適当なものを、次の①～⑨のうちからそれぞれ一つずつ選べ。

29   30

① 3.1   ② 4.1   ③ 4.5   ④ 4.7   ⑤ 5.1
⑥ 5.5   ⑦ 5.8   ⑧ 6.1   ⑨ 7.6

第5問 次の文章を読み、問い（**問1～4**）に答えよ。〔解答番号 31 ～ 35 〕（配点 15）

現代の人間生活において、合成繊維、合成樹脂、合成ゴムなどの(a)合成高分子化合物は欠かすことのできない物質であり、それぞれの特性を活かして利用されている。繊維を人工的に合成する試みは19世紀末頃から盛んになり、セルロースを原料とした半合成繊維や再生繊維が開発された。1935年にはアメリカのカロザースによってナイロン66が開発され、大々的に売り出された。

わが国では、1939年に国産初の合成繊維であるビニロンが桜田一郎博士によって発明された。博士はビニロンを合成するために、触媒を用いてアセチレンと酢酸を反応させて A を合成し、これを付加重合させてポリ A とした。次に、ポリ A を水酸化ナトリウム水溶液で B して、ポリビニルアルコールにした。ポリビニルアルコールは、ビニルアルコールが付加重合してできた構造をしているが、(b)直接ビニルアルコールからポリビニルアルコールを合成することはできない。合成したポリビニルアルコールの濃い水溶液を硫酸ナトリウム水溶液中に細孔から押し出すと、 C がおこり、繊維状に固まったポリビニルアルコールが得られた。ポリビニルアルコールはヒドロキシ基を多くもち、水に溶けやすいため、ホルムアルデヒドと反応させ、水に溶けにくくする処理を行った。これにより、(c)ヒドロキシ基の一部がエーテル結合を形成して環状構造へと変換され、水に不溶なビニロンが得られた。ビニロンは反応せずに残ったヒドロキシ基によって適度な吸湿性を示し、強度や耐摩耗性に優れるため、漁網・ロープ・衣料などに用いられている。

問1 下線部(a)について、合成高分子化合物の特徴として正しいものを、次の①～⑤のうちから二つ選べ。 31 32

① 加熱によって流動化したものを冷却することによって硬化し、成形しやすい特徴をもつ合成高分子化合物を熱硬化性樹脂という。

② 合成高分子化合物はさまざまな分子量の分子が集まってできているため、分子量を表すには、一般に平均分子量が用いられる。

③ 合成高分子化合物を繊維状にすると表面積が大きくなり軽く感じられるが、密度は金属や陶磁器などに比べて大きいものが多い。

④ 合成高分子化合物の溶けた溶液にレーザー光線を照射すると、光が散乱するチンダル現象が見られる。

⑤ 合成高分子化合物を単量体にまで分解し、それを原料としリサイクルによって再び合成される繊維のことを再生繊維という。

問2 文章中の空欄 A ～ C に入る語句の組合せとして最も適当なものを、次の①～⑧のうちから一つ選べ。 33

	A	B	C		A	B	C
①	酢酸ビニル	けん化	変性	⑤	酢酸ビニル	けん化	塩析
②	酢酸エチル	けん化	変性	⑥	酢酸エチル	けん化	塩析
③	酢酸ビニル	重合	変性	⑦	酢酸ビニル	重合	塩析
④	酢酸エチル	重合	変性	⑧	酢酸エチル	重合	塩析

問3 下線部(b)について、ポリビニルアルコールを**合成できない理由**として最も適当なものを、次の ①~⑤のうちから一つ選べ。 34

① ビニルアルコールは水溶性があるため、重合反応がおこりにくいから。
② ビニルアルコールはヒドロキシ基をもち、水素結合の影響のために反応が進まなくなるから。
③ ビニルアルコールとポリビニルアルコールは異性体の関係にあり、生成後互いに変化するから。
④ ビニルアルコールは不安定な化合物であり、すぐ異性体に変化するから。
⑤ 水溶性のポリビニルアルコールをホルムアルデヒドと反応させると、水に不溶になるから。

問4 下線部(c)について、ポリビニルアルコール 1.1×10^4 kg(重合度 5.00×10^2)に対し、ホルムアルデヒド 1.5×10^3 kg が反応してビニロンが得られた。アセタール化によってホルムアルデヒドはポリビニルアルコールのみと完全に反応するとしたとき、ポリビニルアルコールに含まれるヒドロキシ基のうち環状構造に変換されたヒドロキシ基の個数の割合として正しいものを、下の①~⑥のうちから一つ選べ。 35 ％

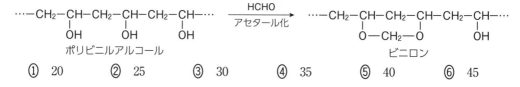

① 20　　② 25　　③ 30　　④ 35　　⑤ 40　　⑥ 45

必要があれば、原子量は次の値を使うこと。

H　1.0　　N　14　　O　16

気体は、実在気体とことわりがない限り、理想気体として扱うものとする。

第1問　次の文章（A～C）を読み、問い（問1～7）に答えよ。

〔解答番号 　1　 ～ 　7　〕（配点　25）

A　水素を完全燃焼させたときの反応は次式で表される。

$$H_2（気） + \frac{1}{2}O_2（気） \longrightarrow H_2O（液）　　\Delta H = -286\,kJ$$

　この反応で生じる熱量の一部を電気エネルギーとして取り出す装置が燃料電池である。図1は、白金触媒を含む多孔質の炭素電極に仕切られた容器に、電解液としてリン酸水溶液を入れた燃料電池を模式的に示したものである。負極と正極を外部導線でつなぎ、温度を190℃に保ちながら負極に水素を、正極に酸素を一定の割合で供給すると電流を生じる。この電池の起電力は0.80Vである。

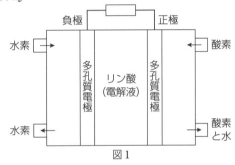

図1

問1　この電池を1時間稼働させたところ、108gの水が生じた。1時間の稼働中に流れた電気量は何Cか。最も適当なものを、次の①～⑥のうちから一つ選べ。ただし、ファラデー定数は$9.65×10^4$ C/molとする。　 　1　 C

　　① 　$1.0×10^5$　　② 　$6.0×10^5$　　③ 　$8.0×10^5$　　④ 　$1.2×10^6$　　⑤ 　$1.6×10^6$　　⑥ 　$1.9×10^6$

問2　電気エネルギー〔J〕は、電圧〔V〕と電気量〔C〕の積で表される。この電池に水素と酸素を供給して1時間稼働させたとき得られる電気エネルギーは、供給した水素が完全燃焼したときに放出される熱量の何％か。最も適当なものを、次の①～⑤のうちから一つ選べ。

　 　2　 ％

　　① 　7.2　　　　　② 　27　　　　　③ 　36　　　　　④ 　54　　　　　⑤ 　72

B 容積8.3Lの密封容器に、ある量の水と窒素を入れ、容積を一定に保ちながら、0℃から100℃まで ゆっくり温度を上げた。このときの容器内部の圧力は図2に示すように変化した。ただし、液体の体 積および水に対する窒素の溶解は無視できるものとし、必要があれば、表1の数値と図2を使うこと。 また、気体定数は $R = 8.3 \times 10^3 \, \text{Pa·L/(K·mol)}$ とする。

表1

	0℃	100℃
飽和水蒸気圧〔Pa〕	6.1×10^2	1.0×10^5

問3 密閉容器中に入れた窒素の質量は何 g か。最も適当な数値を次の①〜⑤のうちから一つ選べ。
　　　 3 g
　① 0.9 　　　 ② 1.9 　　　 ③ 2.6 　　　 ④ 3.8 　　　 ⑤ 7.5

問4 窒素分圧が密閉容器内部の全圧の $\dfrac{1}{2}$ となるのは、何℃のときか。最も適当な数値を次の①〜⑥ のうちから一つ選べ。 4 ℃
　① 0 　　　 ② 22 　　　 ③ 42 　　　 ④ 62 　　　 ⑤ 82 　　　 ⑥ 100

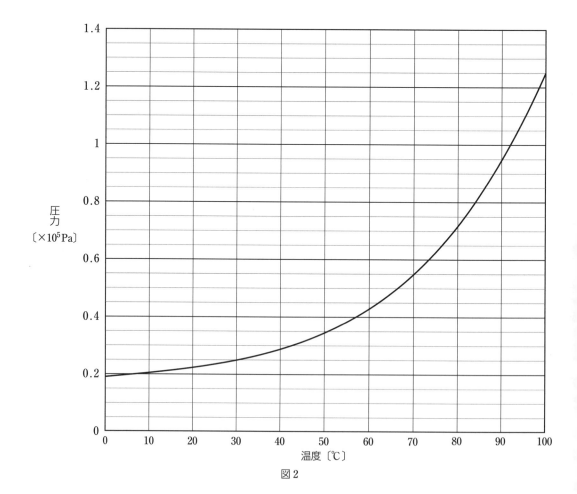

図2

C　次の問いに答えよ。

問5　共有結合のみからなる結晶をつくるものを、次の①～⑤のうちから一つ選べ。　5

① CO_2　　　② $NaCl$　　　③ SiO_2　　　④ Ag_2O　　　⑤ CuS

問6　元素の性質を、周期表にもとづいて比較した記述として下線部に**誤りを含むもの**を、次の①～⑤のうちから一つ選べ。　6

① 第3周期に属する元素では、原子番号が大きくなるにつれて<u>イオン化エネルギー（第一イオン化エネルギー）が小さくなる</u>傾向がある。
② 第3周期に属する元素では、18族を除き、原子番号が大きくなるにつれて<u>陰性が強くなる</u>。
③ 同じ族に属する典型元素では、原子番号が大きくなるにつれて<u>陽性が強くなる</u>。
④ 同じ族に属する元素では、原子番号が大きくなるにつれて<u>原子量が大きくなる</u>。
⑤ 遷移元素では、同族元素だけでなく、<u>同じ周期で隣り合う元素とも性質が似ている</u>場合が多い。

問7　実験操作や試薬の取り扱いに関する記述として**誤りを含むもの**を、次の①～⑥のうちから一つ選べ。　7

① 黄リンは空気中で発火するため、水中に保存する。
② フッ化水素酸はガラスを腐食するため、ポリエチレンのびんに保存する。
③ 重金属イオンを含む水溶液は、少量であっても流しに捨ててはならない。
④ 水酸化ナトリウムの水溶液が皮膚や粘膜についたら、すぐに大量の希塩酸で十分に洗う。
⑤ 液体試薬をホールピペットで吸い上げるときには、安全ピペッターを用いる。
⑥ 希硫酸をつくるときには、容器全体を冷却しながら、水に濃硫酸を少しずつ加える。

第2問　次の文章（A・B）を読み、問い（問1～6）に答えよ。

〔解答番号　8　～　15　〕（配点　21）

A　窒素は周期表で15族に属し、様々な酸化数をとる。

　窒素の酸化数が小さい物質として、酸化数が −3 のアンモニアがある。工業的にアンモニアは、鉄を主成分とする触媒を用いて、窒素と水素から合成されるが、実験室では、(a)<u>塩化アンモニウムと水酸化カルシウムの粉末の混合物を加熱する</u>ことで得られる。アンモニア（アンモニウム塩）は肥料などとして用いられる。一方、窒素の酸化数が大きい物質としては硝酸がある。工業的に硝酸は、アンモニアを触媒のもとで酸化することで得られる。その他、窒素の酸化物なども様々な酸化数をもつものが知られており、一酸化窒素や二酸化窒素などがある。

　空気中には、窒素の酸化数が 0 である単体の窒素（N_2）が多量に存在する。実験室において、窒素は亜硝酸アンモニウム水溶液を穏やかに加熱することで得られる。

$$NH_4NO_2 \longrightarrow N_2 + 2H_2O \quad \cdots(1)$$

窒素は室温では安定であるが、高温条件下では一部が酸化されて一酸化窒素や二酸化窒素などの窒素酸化物に変化する。例えば自動車のエンジン内や火力発電所のボイラー内ではこの反応がおこり、光化学スモッグ等の原因となっている。そこで、火力発電所などでは、(b)式(2)のように、発生した一酸化窒素をアンモニアと酸素とともに触媒に通じて反応させ、無害な物質に変換するための装置が設けられている。

$$4NO + 4NH_3 + O_2 \longrightarrow 4\boxed{\text{ア}} + 6\boxed{\text{イ}} \quad \cdots(2)$$

問1 下線部(a)の反応で、アンモニアを発生させて捕集するための装置として最も適当なものを、次の①～⑥のうちから一つ選べ。 $\boxed{8}$

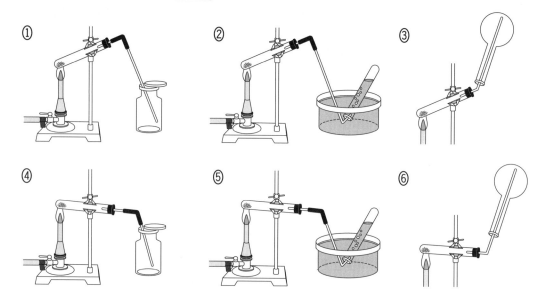

問2 下線部(b)について、式(2)の $\boxed{\text{ア}}$ 、$\boxed{\text{イ}}$ にあてはまる化学式として最も適当なものを、次の①～⑤のうちからそれぞれ一つずつ選べ。 ア $\boxed{9}$ イ $\boxed{10}$
① NO_2 ② HNO_3 ③ H_2O ④ N_2 ⑤ H_2O_2

問3 窒素を含む化合物は多様な酸化還元反応をおこすことが知られている。その中で、自己酸化還元反応というものがある。
窒素以外の元素の化合物を例にすると、過酸化水素水と二酸化マンガンの反応がそれにあたる。

$$2H_2O_2 \longrightarrow 2H_2O + O_2$$

この反応では、過酸化水素は酸化剤と還元剤の両方の働きをしていると考えることができ、このような反応を自己酸化還元反応という。この反応に関する次の問い(**a・b**)に答えよ。

a 窒素を含む化合物の反応において、自己酸化還元反応にあたる反応を次の①～④のうちから一つ選べ。 $\boxed{11}$
① 銅と希硝酸の反応
② アンモニアと塩化水素の反応
③ 二酸化窒素から四酸化二窒素が生じる反応
④ オストワルト法における二酸化窒素と水の反応

b 式(1)の反応において、亜硝酸アンモニウムをアンモニウムイオンと亜硝酸イオンとに分けて考えると、2つのN原子の酸化数はそれぞれ −3、+3 となることがわかる。

$$\underset{-3}{NH_4}NO_2 \longrightarrow \underset{-3}{NH_4^+} + \underset{+3}{NO_2^-}$$

この水溶液を穏やかに加熱すると、酸化数 −3 のN原子から +3 のN原子へ電子が3つ移動し、ともに酸化数が0のN原子となり、そこから N_2 分子になったと考えられる。

$$\underset{-3}{NH_4^+} + \underset{+3}{NO_2^-} \longrightarrow \underset{0}{N_2} + 2H_2O$$
$$\overset{3e^-}{\curvearrowright}$$

　この反応では、酸化数の異なるN原子(不均一な状態)が電子のやり取りを行うことで、酸化数が平均化(均一な状態)されたと考えることができる。

　硝酸アンモニウム NH_4NO_3 の固体を融解し250℃に加熱すると、窒素酸化物Xが生じることが知られている。上記と同様の考え方が成り立つとき、Xの化学式として最も適当なものを、次の①〜⑥のうちから一つ選べ。ただし、X中に2つのN原子が含まれる場合、それらの酸化数は実際には異なる場合があるが、ここでは2つのN原子の酸化数は等しいものとする。　**12**

① N_2O　　② NO　　③ N_2O_3　　④ NO_2　　⑤ N_2O_4　　⑥ N_2O_5

B　水溶液A、B、C、D、Eは、それぞれ次の選択群に示す金属イオンのうちの1種類を含んでいる。各水溶液に含まれる金属イオンを特定するために、水溶液A〜Eをそれぞれ少量ずつ取りわけて、表に示す操作 a 〜 e を別々に行った。以下の問いに答えよ。

＜選択群＞　K^+、Al^{3+}、Zn^{2+}、Pb^{2+}、Ag^+

	操作	A	B	C	D	E
a	希塩酸を加えた	×	×	○	○	×
b	少量のアンモニア水を加えた	×	○	○	○	○
c	過剰量のアンモニア水を加えた	×	○	※	○	※
d	少量の水酸化ナトリウム水溶液を加えた	×	○	○	○	○
e	過剰量の水酸化ナトリウム水溶液を加えた	×	※	○	※	※

×変化しなかった　○沈殿を生じた　※はじめに沈殿が生成し、加えるにつれて沈殿が溶解した

問4　炎色反応を示すものとその色の組合せとして正しいものを次の①〜⓪のうちから一つ選べ。

13

	水溶液	色		水溶液	色
①	A	黄	⑥	C	赤
②	A	赤紫	⑦	D	黄
③	B	赤	⑧	D	赤橙
④	B	青緑	⑨	E	青緑
⑤	C	赤紫	⓪	E	赤紫

問5　酸性条件下で硫化水素を加えても変化しないが、中性・塩基性条件下で硫化水素を加えると硫化物の沈殿を生じるものはどれか。次の①〜⑤のうちから一つ選べ。　**14**

① A　　　② B　　　③ C　　　④ D　　　⑤ E

問6　クロム酸カリウム水溶液を加えたとき、赤褐色の沈殿を生じるものはどれか。次の①〜⑤のうちから一つ選べ。　**15**

① A　　　② B　　　③ C　　　④ D　　　⑤ E

第3問 次の文章(A・B)を読み、問い(問1~5)に答えよ。

〔解答番号 16 ~ 21 〕(配点 20)

A 低分子のエステルには、果実の香りの成分であり、香料として使用されるものがある。次に示すものはその代表的な例である。

酪酸メチル	—	リンゴ
ギ酸エチル	—	ラズベリー
酢酸エチル	—	パイナップル
酢酸ペンチル	—	バナナ

香料として利用されているエステルAの構造を決定するために、次の実験を行った。

エステルAを加水分解すると、化合物BとCが得られた。化合物Bを酸化して得られた化合物Dは、次の反応式に示すように、プロペンを触媒の存在下で酸化したときの主生成物であり、フェーリング液を還元しない。

$$2CH_2=CH-CH_3 + O_2 \longrightarrow 2\boxed{D}$$

また、化合物Cは、グルコースのアルコール発酵により得られる化合物Eを酸化することにより得られる。

$$C_6H_{12}O_6 \longrightarrow 2\boxed{E} + 2CO_2$$

問1 DとEに関する記述として**誤りを含むもの**を、次の①~⑤のうちから一つ選べ。 16

① D、Eともにヨードホルム反応を示す。

② Dは炭酸水素ナトリウムと反応し、二酸化炭素を発生する。

③ クメン法ではフェノールとともにDが生成する。

④ Eはナトリウムと反応し、水素を発生する。

⑤ Eに濃硫酸を加えて160~170℃で加熱すると、臭素水を脱色する気体を生じる。

問2 BとCに関する記述として正しいものを、次の①~⑤のうちから一つ選べ。 17

① B、Cともに水に溶けにくい化合物である。

② Bには鎖状の構造異性体が、Bの他に2つ存在する。

③ 酢酸カルシウムを乾留(熱分解)するとBが得られる。

④ Cはヨードホルム反応を示す。

⑤ Cはフェーリング液を還元する。

問3 Aの構造式として最も適当なものを、次の①~⑥のうちから一つ選べ。 18

① $CH_3-CH_2-CH_2-COO-CH_3$

② $CH_3-CH_2-COO-CH_2-CH_3$

③ $CH_3-COO-CH_2-CH_2-CH_3$

④ $CH_3-COO-CH(CH_3)-CH_3$

⑤ $H-COO-CH_2-CH_2-CH_2-CH_3$

⑥ $H-COO-CH(CH_3)-CH_2-CH_3$

B 授業でアゾ基 $-N=N-$ をもつ化合物をアゾ化合物といい、中和滴定で用いられるメチルオレンジもアゾ化合物であることを学習した。そこで、化学部の活動として、メチルオレンジの合成と、合成したメチルオレンジを指示薬に用いることによる中和滴定を行った。

以下は、この生徒の実験の経過である。

メチルオレンジの合成法として次の手順で行うことがわかった。

1 スルファニル酸ナトリウムを塩酸と亜硝酸ナトリウムでジアゾ化し、中間生成物を得る。

$$NaO_3S-\bigcirc-NH_2 \xrightarrow{\text{NaNO}_2、\text{HCl}} NaO_3S-\bigcirc-N_2Cl$$

スルファニル酸ナトリウム　　　　　　　　　　　　　中間生成物
分子量 195

2 これをジメチルアニリンとジアゾカップリングさせることで、メチルオレンジが得られる。

$$NaO_3S-\bigcirc-N_2Cl + \bigcirc-N\begin{smallmatrix}CH_3\\CH_3\end{smallmatrix} \xrightarrow{\substack{\text{ジアゾ}\\\text{カップリング}}} NaO_3S-\bigcirc-N=N-\bigcirc-N\begin{smallmatrix}CH_3\\CH_3\end{smallmatrix}$$

メチルオレンジ
分子量 327

上記の手順で化学部顧問の先生に相談しながら、メチルオレンジの合成実験を行った。

実験を行う中で、中間生成物を含む水溶液を放置していたところ、気泡が発生していた。そのとき、顧問の先生から「ジアゾニウム塩は熱で分解しやすいので氷冷するように」とアドバイスを受け、急いでその水溶液を冷却した。

実験の結果、スルファニル酸ナトリウム 1.95 g からメチルオレンジが 0.654 g 得られた。得られたメチルオレンジを指示薬として、0.10 mol/L 塩酸 10 mL に加え、0.10 mol/L 水酸化ナトリウム水溶液で中和滴定したところ、約 10 mL 加えたところで、水溶液の色が ア から イ に変化した。

問4 下線部に関連して、次の問い(**a・b**)に答えよ。

a 発生した気体はどれか。次の①〜⑥のうちから一つ選べ。 **19**

① H_2 ② N_2 ③ O_2 ④ H_2O ⑤ Cl_2 ⑥ SO_2

b 発生した気体は 0 ℃、$1.013×10^5$ Pa で何 L と推測できるか。最も適当な数値を次の①〜⑥のうちから一つ選べ。ただし、メチルオレンジにならなかったスルファニル酸ナトリウムは、すべて下線部の反応で消費されたと考えてよい。 **20** L

① 0.18 ② 0.05 ③ 0.22
④ 0.45 ⑤ 1.80 ⑥ 2.22

問5 ア と イ に最も適当な組合せはどれか。右の①〜⑥のうちから一つ選べ。 **21**

	ア	イ
①	赤色	黄色
②	黄色	赤色
③	無色	黄色
④	黄色	無色
⑤	無色	赤色
⑥	赤色	無色

第4問 次の文章を読み、問い（**問1～4**）に答えよ。ただし、この問題ではCなどの記号は、数値のみを表すものとする。〔**解答番号** $\boxed{22}$～$\boxed{26}$〕（配点　19）

セロハン膜や生物の細胞膜は、小さい溶媒分子は自由に透過させるが、大きな溶質粒子を透過させない選択性をもっている。このような膜のことを半透膜とよぶ。(1)純溶媒にある物質を溶かした溶液と純溶媒を半透膜で仕切って放置すると、溶媒分子が溶液側へ移動する浸透という現象がみられる。

例えば、(2)右図のように半透膜で仕切った断面積$1.0\,\text{cm}^2$のU字管を用意し、右側に$C\,\text{mol/L}$のスクロース水溶液$40\,\text{mL}$を、左側には純水を$40\,\text{mL}$入れ（図1の**ア**）、十分な時間放置すると右側の液面が上昇し、左右の液面差は$20\,\text{cm}$となっていた（図1の**イ**）。

このように(3)溶質と溶媒の透過の選択性をもつ半透膜は血液の人工透析などに利用されている。

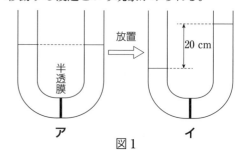

図1

問1 下線部(1)に関連して、分子量がMで表されるある物質Aがある。$100\,\text{mL}$メスフラスコを用いて、$C\,\text{mol/L}$の溶液を調製するとき、Aは何g測りとればよいか。最も適当なものを、次の①～⑤のうちから一つ選べ。$\boxed{22}$ g

① $\dfrac{CM}{100}$　　② $\dfrac{CM}{10}$　　③ CM　　④ $\dfrac{10}{CM}$　　⑤ $\dfrac{100}{CM}$

問2 下線部(2)に関連して、次の問い（**a・b**）に答えよ。

a 左右の液面差が$20\,\text{cm}$となったとき（図1の**イ**）の、スクロース水溶液のモル濃度を表す式として最も適当なものを、次の①～⑤のうちから一つ選べ。$\boxed{23}$ mol/L

① $0.40C$　　② $0.66C$　　③ $0.80C$　　④ $1.3C$　　⑤ $1.6C$

b 実験開始時（図1の**ア**）にU字管の右側に入れたスクロース水溶液のモル濃度$C\,\text{mol/L}$として最も適当なものを、次の①～⑤のうちから一つ選べ。ただし、液体の密度に関わらず$20\,\text{cm}$の液柱が及ぼす圧力を$2.0\times10^3\,\text{Pa}$とする。また、室温を$27\,℃$とし、気体定数を$R=8.3\times10^3\,\text{Pa·L/(mol·K)}$とする。$\boxed{24}$ mol/L

① 5.0×10^{-4}　② 6.0×10^{-4}　③ 8.0×10^{-4}　④ 1.0×10^{-3}　⑤ 1.2×10^{-3}

問3 $27\,℃$において、U字管の左右に次の①～④の組合せで液体を加えて、十分な時間放置した。左右の液面差を大きい順番から並べたときに**3番目に液面差が大きいもの**を、次の①～④のうちから一つ選べ。ただし、電解質は完全に電離するものとする。$\boxed{25}$

	U字管の左側	U字管の右側
①	純水 $40\,\text{mL}$	$C\,\text{mol/L}$の硝酸ナトリウム水溶液 $40\,\text{mL}$
②	純水 $40\,\text{mL}$	$C\,\text{mol/L}$の塩化バリウム水溶液 $40\,\text{mL}$
③	$C\,\text{mol/L}$のスクロース水溶液 $40\,\text{mL}$	$C\,\text{mol/L}$の硝酸ナトリウム水溶液 $40\,\text{mL}$
④	$2C\,\text{mol/L}$のスクロース水溶液 $40\,\text{mL}$	$C\,\text{mol/L}$の硝酸ナトリウム水溶液 $40\,\text{mL}$

問4 下線部(3)に関連して、セッケンを水に溶かしたときに形成するミセルも半透膜を透過することができない。ミセルが形成されたときの水溶液中の分子の様子を表した図として最も適当なものを次の①～④のうちから一つ選べ。ただし、セッケン1分子を右図のように表しているものとする。 26

疎水基 親水基
セッケン分子

① 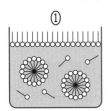 ②  ③ 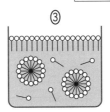 ④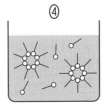

第5問 次の文章は、タンパク質の性質を確認する実験の授業の後に、生徒が研究レポートを作成している様子である。次の文章を読み、問い(問1～4)に答えよ。

〔解答番号 27 ～ 31 〕(配点 15)

「忘れないうちに、実験結果を整理しておこうよ。」

「そうだね。最初はどんな実験だったっけ。」

「卵白の水溶液を加熱したよね。」

「そうそう。加熱前は透明だったけど、徐々に白く濁ったね。」

「これって、この前の授業で習った、(a)タンパク質の変性だよね。」

「目玉焼きを作るのも同じ変性だって習ったね。」

「次の実験は、卵白水溶液のほかに、スキムミルクの水溶液、ゼラチンの水溶液も使ったね。」

「タンパク質の呈色反応の実験だね。僕は、結果を表にまとめておいたよ。」

「わあ、助かる。」

表1 呈色反応の実験結果

	操作	卵白	スキムミルク	ゼラチン
操作Ⅰ	NaOH 水溶液を加えたのち、CuSO₄ 水溶液を加えた。	○	○	○
操作Ⅱ	濃硝酸を加えて加熱したのち、アンモニア水を加えた。	○	○	×
操作Ⅲ	NaOH 水溶液を加えて加熱したのち、酢酸鉛(Ⅱ)水溶液を加えた。	○	△	×

○：変化あり ×：変化なし

「卵白水溶液は、どの操作でも、色が変化してるね。スキムミルクの△のところは、色が変わってるから、僕は○だったと思うな。でも、ゼラチンは、操作Ⅱも操作Ⅲも変化しなかったね。」

「ということは、ゼラチンには、操作Ⅱで呈色しないことから A 、操作Ⅲで呈色しないことから B のようなアミノ酸は、多く含まれていないってことだよね。」

「そういえば、図書室で調べたら、ゼラチンに含まれるアミノ酸で一番多いのはグリシンらしいよ。」

「(b)グリシンって、α-アミノ酸なのに鏡像異性体がないんだよね。」

「教科書には、等電点は6.0って書いてあるよ。」

「等電点といえば、(c)電気泳動の実験はほかの班がやっていたけど、どんな結果になったか見せてもらおうよ。」

「このレポートがまとめ終わったらね。」

143

問 1 下線部(a)に関する記述として正しいものを、次の①～⑤のうちから一つ選べ。 27

① タンパク質の変性がおこるのは、タンパク質の一次構造が変化するためである。
② タンパク質の変性がおこるのは、加熱によってペプチド結合が切断されるためである。
③ 一般に、加熱によって変性したタンパク質は、十分に冷却するともとの状態に戻る。
④ 酵素を加熱すると働きが失われるのはタンパク質が変性するからである。
⑤ タンパク質の変性がおこっても高次構造は保たれる。

問 2 A 、 B にあてはまる化合物を次の①～⑤のうちからそれぞれ選べ。
A 28 B 29

① $H_3C-\underset{\underset{NH_2}{|}}{CH}-\overset{\overset{O}{||}}{C}-OH$　② $HO-\!\!\bigcirc\!\!-CH_2-\underset{\underset{NH_2}{|}}{CH}-\overset{\overset{O}{||}}{C}-OH$　③ $HO-CH_2-\underset{\underset{NH_2}{|}}{CH}-\overset{\overset{O}{||}}{C}-OH$

④ $HO-\overset{\overset{O}{||}}{C}-CH_2-\underset{\underset{NH_2}{|}}{CH}-\overset{\overset{O}{||}}{C}-OH$　⑤ $H_3C-S-(CH_2)_2-\underset{\underset{NH_2}{|}}{CH}-\overset{\overset{O}{||}}{C}-OH$

問 3 下線部(b)に関して、グリシンを除くα-アミノ酸は鏡像異性体が存在する。右の図1の**ア**と**イ**が鏡像異性体の関係にあるとき、**イ**の構造として、正しいものを次の①～④のうちから一つ選べ。ただし、①～④は、図1の**イ**を上から見たと考えた場合の様子である。 30

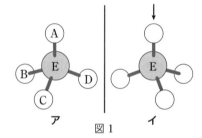

図 1

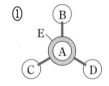　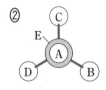　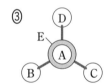　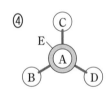

問 4 下線部(c)のように、別の班では、グリシン(等電点：6.0)とグルタミン酸(等電点：3.2)の混合水溶液から、電気泳動によって二つを分離する実験を行った。図2のような装置で、pH 6.0の緩衝液を用いて実験を行ったとき、得られた結果として正しい組合せを次の①～⑥のうちから一つ選べ。 31

陰極　A　B　陽極

アミノ酸水溶液を染みこませた糸　緩衝液を染みこませたろ紙

図 2

	グリシン	グルタミン酸
①	A側へ移動した	A側へ移動した
②	A側へ移動した	B側へ移動した
③	B側へ移動した	A側へ移動した
④	B側へ移動した	B側へ移動した
⑤	動かなかった	A側へ移動した
⑥	動かなかった	B側へ移動した

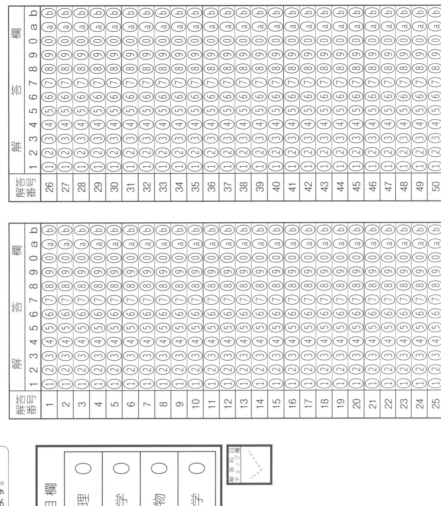

予想模擬テスト　第1回　解答用紙

注意事項

1　訂正は、消しゴムできれいに消し、消しくずを残してはいけません。
2　所定欄以外にはマークしたり、記入したりしてはいけません。
3　汚したり、折りまげたりしてはいけません。

① 学年・組・番号を記入し、その下のマーク欄にマークしなさい。

学年・組・番号欄

② 名前・フリガナを記入しなさい。

③ ・1科目だけマークしなさい。
・解答科目欄が無マーク又は複数マークの場合は、0点となることがあります。

解答科目欄

物　理
化　学
生　物
地　学

予想模擬テスト 第2回 解答用紙

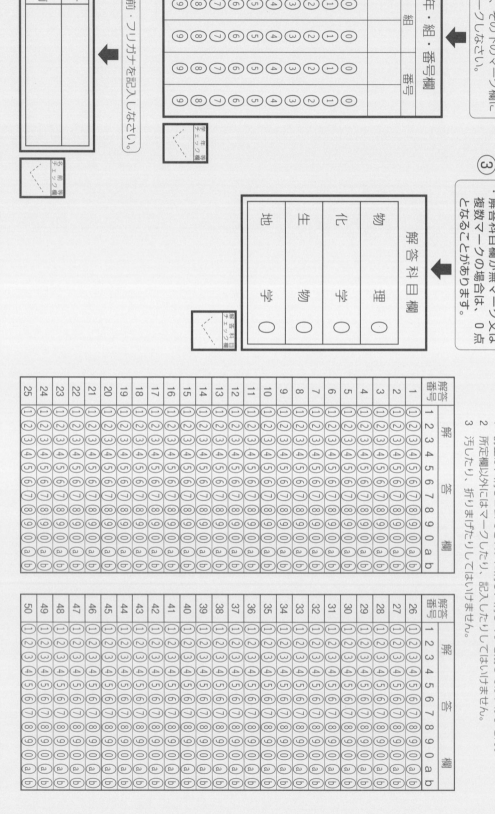

注意事項

1 訂正は、消しゴムできれいに消し、消しくずを残してはいけません。
2 所定欄以外にはマークしたり、記入したりしてはいけません。
3 汚したり、折りまげたりしてはいけません。

① 学年・組・番号を記入し、その下のマーク欄にマークしなさい。

学年・組・番号欄

年	組	番号
⓪①②③④⑤⑥⑦⑧⑨	⓪①②③④⑤⑥⑦⑧⑨	⓪①②③④⑤⑥⑦⑧⑨ ⓪①②③④⑤⑥⑦⑧⑨ ⓪①②③④⑤⑥⑦⑧⑨

学年・組・番号チェック欄

② 名前・フリガナを記入しなさい。

フリガナ	
名前	

名前・フリガナチェック欄

③ ・1科目だけマークしなさい。
・解答科目欄が無マーク又は複数マークの場合は、0点となることがあります。

解答科目欄

物理	○
化学	○
生物	○
地学	○

解答科目チェック欄

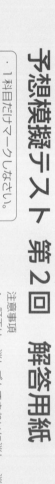

大学入学共通テスト攻略問題集

新課程版 ビーライン化学

2024年1月10日　初版　第1刷発行	編　者　第一学習社　編集部
2024年9月10日　初版　第2刷発行	発行者　松本洋介
	発行所　株式会社　第一学習社

広　　島：広島市西区横川新町7番14号	〒733-8521	☎082-234-6800
東　　京：東京都文京区本駒込5丁目16番7号	〒113-0021	☎03-5834-2530
大　　阪：吹田市広芝町8番24号	〒564-0052	☎06-6380-1391

札　　幌☎011-811-1848	仙　台☎022-271-5313	新　潟☎025-290-6077
つくば☎029-853-1080	横　浜☎045-953-6191	名古屋☎052-769-1339
神　戸☎078-937-0255	広　島☎082-222-8565	福　岡☎092-771-1651

 訂正情報配信サイト　47492-02
利用に際しては、一般に、通信料が発生します。

https://dg-w.jp/f/b614e

47492-02

ISBN978-4-8040-4749-2

■落丁・乱丁本はおとりかえいたします。

ホームページ
https://www.daiichi-g.co.jp/

大学入学共通テストの分析と受験上の注意

■出題分析 基本的な知識を幅広く問う小問集合に加え、グラフを読み取る問題が増加した。質量分析法に関する文章は、題意を解釈する読解力や思考力を求める問題で構成されていた。難易度は昨年よりもやや易しくなった。比較的長い文章題が多いことから、与えられた情報と既習の学習内容とを関連づけ、考察する力を重視していると思われる。

第1問は「物質の状態」分野からの出題で、問2の液体と気体の体積に関する問題は、密度から体積への変換が肝となっている。第2問は「物質の変化と平衡」分野からの出題で、問3の電池における反応物の質量と放電で得られる電気量との関係は、やや難しかった。各電池における金属の酸化数変化に注目すれば、電子の物質量が判断できた。問4aは、弱酸のモル濃度と電離度の関係を表したグラフを選択させる問題であったが、計算を行わないと正解にたどり着けないように工夫されていた。第3問は「無機物質」分野からの出題で、問2は、既知のハロゲンの性質から同族の未知の元素の性質を推定させる問題で、思考力が試された。問4bでは、複数の化学反応式から量的関係を考えさせる問題が出題された。第4問は「有機化合物」、「高分子化合物」

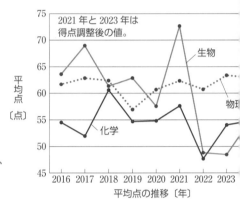

分野からの出題で、標準的な問題であった。問4cは、反応経路に関する問題で、反応条件から生成物が適切に考えられるが問われた。第5問は質量分析法を題材とした総合的な問題であり、グラフの読み取りが多く扱われた。質量分析法は学校で学習しないため、概要を把握するのに時間を要したと思われる。

■対策 教科書の内容を十分に理解し、問題集を用いて基礎・基本の問題を中心に繰り返し取り組んでおく。計算問題式の意味を理解し、式をさまざまな形で活用できるようにしておく。今後は探究活動に関する問題がより重視されることが予想されるため、教科書記載の図やグラフ・表、実験時の注意点や実験操作の意味を理解するとともに、データや実験の数的処理をする能力をつけておくこと。さらに、身のまわりの物質の利用も、物質の性質と関連づけて理解しておき

■活用問題一覧 活用問題で取り上げた問題の分類を下の表に示す。

章	問題	グラフ	情報解釈	観察・実験	数値処理	章	問題	グラフ	情報解釈	観察・実験	数値処理
序章	24. 化学反応の量的関係	●					142. 反応の類似性			●	
	25. 電導度滴定			●			143. 二硫化炭素の燃焼			●	
第Ⅰ章	36. 分子の形			●		第Ⅲ章	165. 沈殿の生成量	●			
	37. 限界半径比			●	●		166. 水和物の化学式	●			
	55. 気体のグラフ	●					167. 銅と亜鉛			●	
	56. 実在気体	●					168. 金属イオンの分離			●	
	57. 蒸気圧曲線	●					169. 溶解度積		●		
	58. CO_2の状態変化	●					170. 錯イオンの反応			●	
	72. 蒸気圧降下		●			第Ⅳ章	184. 炭化カルシウムと水の反応			●	
	73. 逆浸透			●			185. マルコフニコフ則		●		
	74. 凝固点の測定	●					204. エステルの構造			●	
第Ⅱ章	86. 熱量の測定	●					205. セッケン			●	
	87. 格子エネルギー				●		206. トリグリセリドの構造		●		
	101. 電気分解	●					223. 芳香族化合物		●		
	106. 反応速度	●					224. アセトアミノフェンの合成		●	●	
	107. 過酸化水素の分解反応の速度	●			●	第Ⅴ章	235. 接着のしくみ		●		
	118. ルシャトリエの原理			●			236. だしの成分の分離			●	
	119. 電離定数	●					237. グルコースの異性体	●		●	
	120. 溶解度積	●			●		238. ポリペプチド			●	
	121. 二酸化炭素の電離平衡	●			●		239. ジペプチドの構成	●	●		
							251. アミノ酸の分離			●	

グラフ：グラフの読み取りを要する問題・作図する問題。　**情報解釈**：提示された資料などを解釈し、考察する問題。
観察・実験：実験操作や現象の理解を問う問題。　**数値処理**：数値を分析・解釈する問題。